U0286326

百年百项杰出土木工程

中国土木工程学会
谭庆琏　主编

中国建筑工业出版社

图书在版编目（CIP）数据

百年百项杰出土木工程 / 谭庆琏主编. — 北京 ：
中国建筑工业出版社，2012.6
ISBN 978-7-112-14345-0

Ⅰ. ①百… Ⅱ. ①谭… Ⅲ. ①土木工程－科技成果
－中国－现代 Ⅳ. ①TU-12

中国版本图书馆CIP数据核字(2012)第109084号

责任编辑：张振光　杜一鸣
责任校对：王誉欣　关　健

主　　编：谭庆琏
执行主编：张　雁
编　　辑：程　莹　李应斌　董海军　龚　磊　薛晶晶

百年百项杰出土木工程

中国土木工程学会

谭庆琏　主编

*

中国建筑工业出版社出版、发行（北京西郊百万庄）
各地新华书店、建筑书店经销
北京方舟正佳图文设计有限公司设计制作
北京盛通印刷股份有限公司印刷厂印刷

*

开本：787×1092毫米　1/8　印张：39½　字数：950千字
2012年6月第一版　2012年6月第一次印刷
定价：348.00元

ISBN 978-7-112-14345-0
(22419)

前言

为隆重庆祝中国土木工程学会百年华诞以及中国近代工程建设技术先驱——詹天佑先生诞辰150周年，继承和弘扬我国土木工程建设者爱国、创新、自力更生、艰苦奋斗精神，展示我国土木工程建设成就，中国土木工程学会、詹天佑土木工程科技发展基金会在全国土木工程建设行业内组织开展了“百年百项杰出土木工程”（以下简称“百项”）推评活动。

“百项”推评活动于2010年8月1日正式启动，经铁道部、交通运输部、水利部以及中国土木工程学会专业分会、地方学会等相关单位的遴选推荐，截至2010年11月底，共受理申报项目231项。

申报项目通过梳理、审核、汇总，按照工程类别划分为九个专业组（铁道、桥梁、建筑、水利、水运、公路、公共交通、市政、隧道及地下工程），经初审推荐候选工程151项。2011年2月1日至3月15日期间，我会与人民网合作，在人民网进行了公众网络投票活动，有55万多人次参与了本次网络投票。根据公众投票结果，并经“百年百项杰出土木工程推评活动指导工作委员会”审核，决定授予“京张铁路”、“钱塘江大桥”、“人民大会堂”、“南京长江大桥”、“长江三峡水利枢纽”等工程“百年百项杰出土木工程”称号。

“百项”获奖工程基本反映了近百年来我国土木工程建设的发展历程，具有鲜明的时代特征，展现了我国近代土木工程师团结协作、自力更生、奋发图强的精神风貌以及我国近代土木工程建设取得的成就。特编撰本图集，以资与同仁共勉，再创辉煌。

目 录

水利及水运工程

公路及城市公共交通工程

隧道及地下工程

市政公用事业工程

“百年百项杰出土木工程”入选工程名单

序号	工程名
铁道工程	
1	京张铁路
2	成渝铁路
3	宝成铁路
4	兰新铁路
5	成昆铁路
6	大秦铁路
7	京九铁路
8	南昆铁路
9	青藏铁路
10	京津城际铁路（含北京南站改扩建工程）
11	武广铁路客运专线
12	福厦铁路
桥梁工程	
13	钱塘江大桥
14	南京长江大桥
15	南京长江二桥
16	苏通长江公路大桥
17	江苏润扬长江公路大桥
18	江阴长江大桥
19	芜湖长江大桥
20	上海南浦大桥
21	上海卢浦大桥
22	上海杨浦大桥
23	东海大桥
24	武汉长江大桥
25	武汉天兴洲长江大桥
26	重庆菜园坝长江大桥
27	重庆朝天门长江大桥

序号	工程名
28	济南黄河大桥
29	厦门海沧大桥
30	番禺洛溪大桥
31	贵州水柏铁路北盘江大桥
32	香港青马大桥
33	澳门西湾大桥
34	台湾高屏溪桥
建筑工程	
35	人民大会堂
36	国家博物馆
37	北京火车站
38	北京饭店
39	国家体育场
40	国家游泳中心
41	国家大剧院
42	国家图书馆
43	中国国际贸易中心
44	上海印钞厂老回字形印钞工房
45	上海东方明珠广播电视塔
46	上海体育场
47	上海世博会主题馆
48	上海世博会世博中心
49	上海光源国家重大科学工程
50	广州中山纪念堂
51	广州新白云国际机场
52	中国进出口商品交易会琶洲展馆
53	广州亚运馆
54	深圳市深港西部通道口岸
55	深圳国际贸易中心大厦

序号	工程名
56	济南奥林匹克体育中心
57	天津博物馆
58	天津奥林匹克中心体育场
59	武汉大学 20 世纪 30 年代的早期建筑群
60	武汉火车站
61	大庆炼油厂
62	陕西法门寺合十舍利塔
63	陕西历史博物馆
64	南京中山陵
65	香港新机场客运大楼
66	香港迪士尼乐园
水利及水运工程	
67	长江三峡水利枢纽
68	黄河小浪底水利枢纽
69	引滦入津工程
70	河南红旗渠
71	北京密云水库
72	黄河公伯峡水电站
73	四川岷江紫坪铺水利枢纽
74	江苏江都水利枢纽
75	淮河临淮岗洪水控制工程
76	新疆乌鲁瓦提水利枢纽
77	东深供水改造工程
78	清江隔河岩水利枢纽及水布垭水电站
79	淮河入海水道工程
80	贵州乌江洪家渡水电站
81	长江重要堤防整治加固工程

序号	工程名
82	西藏满拉水利枢纽
83	渭史杭灌区
84	上海国际航运中心洋山深水港区工程
85	长江口深水航道治理工程
86	京杭运河常州市区段改线工程
87	烟大铁路轮渡工程
88	秦皇岛港煤码头工程
公路及城市公共交通工程	
89	京津塘高速公路
90	青藏公路
91	北京地铁一号线
92	上海轨道交通一号线
93	常州快速公交系统
隧道及地下工程	
94	京广铁路衡广复线大瑶山隧道
95	厦门东通道（翔安隧道）
96	乌鞘岭特长铁路隧道
97	西康铁路秦岭隧道
98	武汉长江隧道
市政公用事业工程	
99	上海 500kV 静安（世博）输变电工程
100	山西沁水新奥燃气有限公司煤层气液化工程
101	西气东输管道工程
102	深圳天然气利用工程
103	北京市高碑店污水处理厂
104	上海白龙港污水处理厂
105	北京市第九水厂

1 铁道工程

- 京张铁路
- 成渝铁路
- 宝成铁路
- 兰新铁路
- 成昆铁路
- 大秦铁路
- 京九铁路
- 南昆铁路
- 青藏铁路
- 京津城际铁路（含北京南站改扩建工程）
- 武广铁路客运专线
- 福厦铁路

京张铁路

京张铁路，起始自北京丰台柳村，经昌平、南口，翻越八达岭，至怀来、沙城、达宣化、张家口，全长约201km。1905年10月开工修建，为中国自主勘测、设计、施工和管理的第一条国有干线铁路。由近代中国铁路先驱詹天佑先生主持修建。

京张铁路“中隔高山峻岭，石工最多，又有7000余尺桥梁，路险工艰为他处所未有”。特别是“居庸关、八达岭，层峦叠嶂，石峭弯多，遍考各省已修之路，以此为最难，即泰西诸书，亦视此等工程至为艰巨”。“由南口至八达岭，高低相距一百八十丈，每四十尺即须垫高一尺。”中国自办京张铁路的消息传出之后，外国人讽刺说建造这条铁路的中国工程师恐怕还未出世。詹天佑亲率工程队勘测定线，由于清政府拨款有限，时间紧迫，詹天佑从勘测过的三条路线中选定由西直门经沙河、南口、居庸关、八达岭、怀来、鸡鸣驿、宣化至张家口。

京张铁路全程分为三段，第一段为丰台至南口段，于1906年9月30日全部通车。

第二段为南口至青龙桥关沟段，是京张铁路修建最困难的一段。关沟段的曲线半径182.5m，隧道四座，长1644m。关沟段穿越军都山，最大坡度为千分之三十三，而且地势险峻，为世界所罕见。关沟段的修建不仅要有精确的计算和正确的指挥，还要有新式的开山机、通风机和抽水机。前者对詹天佑都不成问题，而后者当时中国全都没有，只靠工人的双手，其困难程度可以想见。

这一段中最长的隧道是1092m长的八达岭隧道。曾经有诸多外国专家断言：如不使用外国的先进机械以及技术人员，仅凭中国人的力量不可能完成。在詹天佑的策划指挥下，八达岭隧道采用南

居庸关车站道岔施工

八达岭隧道竣工时工程人员合影

北两头同时向隧道中间点凿进的同时，采用中部开凿两个直井，分别可以向相反方向进行开凿，增加工作面；使用强力炸药爆破等措施，依靠人力建成了这条中国筑路历史上的第一条长大隧道。青龙桥段铁路穿越军都山，南口和八达岭的高度相差180丈，坡度极大，詹天佑在22km线路区段内用折返方法，设计、修建了著名的青龙桥车站“人”字形铁路轨道，解决了全线的越岭难题；引进国外大马力机车，并使用双机牵引，解决了运输动力问题。

第三段工程的难度仅次于关沟，首先遇到的是怀来大桥，这是京张铁路上最长的一座桥，它由七根一百英尺长的钢梁架设而成。由于詹天佑正确地指挥，及时建成。1909年4月2日火车通到下花园。下花园到鸡鸣驿矿区岔道一段虽不长，工程极难。右临羊河，左傍石山，山上要开一条六丈深的通道，山下要垫高七华里长的河床。詹天佑即以山上开道之石来垫山下河床。为防山洪冲击路基，又用水泥砖加以保护，胜利完成了第三段工段。

1909年9月24日，京张铁路全线开行列车，10月2日在南口举行盛大通车典礼。京张铁路比原计划提前两年建成。全路修筑费用预算为白银7291860两，修筑实际支出6935086两，节省356774两，修建成本为全国同级铁路中最低，修建总费用只有外国承包商索取价银的1/5。清政府邮传部验收后，深感：“此路一成，非徒增长吾华工程司莫大之名誉，而后之从事工程者，亦得以益坚其自信力，而勇于图成”。而且，京张铁路修建过程中，詹天佑制定统一的铁路工程标准及行车规章制度，为中国铁路建设及管理的标准化奠定了基础。

京张铁路是完全由中国自己筹资、勘测、设计、施工建造的第一条铁路，是中国人民和中国工程技术界的光荣，京张铁路的成功修建，堪称中国自办铁路的一个光辉典范，铸就起民族自信自强的精神丰碑，推动了国内各省自办铁路的发展。世纪经典，百年辉煌，今天的京张铁路，交通运输功能逐渐淡化，历史文化内涵日益凸显，成为见证中国铁路百年变迁和发展的重要工业遗产。

京张铁路起点

青龙桥车站全景

成渝铁路

成渝铁路于1950年6月开工建设，1952年6月通车，1953年7月交付运营，西起成都，东抵重庆，全长505km。它是新中国自行设计施工，完全采用国产材料修建的第一条长大铁路干线，是中国铁路史上的一个伟大创举。

早在1903年，清政府就有兴建川汉铁路的意向，而它的西段就是成渝铁路。到1936年，国民政府成立了成渝铁路工程局，次年开始修筑。后来，政府更以修路为借口，大量搜刮民脂民膏，结果只是在地图上面了一条“虚线”，清王朝和民国政府用了40年时间，只完成工程量的14%。新中国的诞生极大地调动了西南铁路工程局广大筑路工人和工程技术人员的积极性，1950年6月15日，在成都举行了成渝铁路开工典礼。邓小平同志莅临致词，贺龙同志亲手将一面绣有“开路先锋”的锦旗授予筑路大军。当天，筑路一总队高举“开路先锋”的旗帜，开赴重庆九龙坡、油溪工地，揭开了修筑成渝铁路的序幕。15万筑路大军尽管是用灯笼火把照明，钢钎、大锤、十字镐开凿，仍展示出让

王二溪石拱桥

钢筋混凝土栈桥石砌墩台

高山低头、令江水让路的英雄气概，使路基节节向前延伸，1952年6月13日，铺轨到达终点站成都。西南军政委员会主席刘伯承命令嘉奖西南铁路工程局两年修通成渝路，实现了四川人民40年来的愿望。毛泽东主席为此亲笔题写“庆贺成渝铁路通车，继续努力修筑天成路”。

成渝铁路的建成，结束了四川没有标准铁路的历史，实现了四川人民半个世纪的夙愿。成渝铁路是全国“五纵五横”综合运输通道之一的“南北沿海运输大通道”中的最重要一段，是沟通四川与重庆、贵州、广西以及华南、华东地区的运输大动脉和对外交通的重要通道。经襄渝、渝怀、川黔、黔桂等铁路，可与华东、华南、东南等地区有机连接起来。

成渝铁路的建设对于改善成渝地区交通运输条件，实现成渝间优势互补，促进两大城市在人流、资金流、信息流等方面快速流动，充分发挥成都、重庆区域中心城市的辐射作用，加速成渝经济区乃至整个西部经济的发展有着重要意义。成渝铁路沿线资阳、内江、永川等一批城镇呈带状分布，人口密集、人均GDP较高（为全国平均水平的2.3倍），城际间人员往来频繁，旅游资源富集，是我国区域经济发展最活跃和最具潜力的地区之一，也是客货运输最繁忙、增长潜力巨大的交通走廊之一。成渝铁路的建设进一步加快了沿线旅游资源开发和城镇化进程，促进了区域经济的快速发展和人民生活水平的全面提升。

王二溪大桥

沱江大桥

宝成铁路

宝成铁路是沟通中国西北、西南的第一条铁路干线，北起宝鸡，南至成都，全长669km，是新中国十年建设阶段的重大成果之一。分别由铁道部天成铁路第一、二测量队和西北、西南两个设计分局（现铁道第一勘测设计院、第二勘测设计院）按Ⅱ级铁路标准勘测设计，由铁道部第二、第四、第六工程局和隧道公司负责施工。1952年7月1日在成都动工，1954年1月宝鸡端开工。1956年7月12日，南北两段在黄沙河接轨通车，1958年元旦全线交付运营。

宝成铁路是新中国第一条工程艰巨的铁路。宝成铁路通过秦岭时，从杨家湾车站到秦岭大隧道直线距离只有6km，但升高却达680m，即每千米上升110m。为了把坡度改为每千米只升高30m，能够通行火车，只能把铁路线反复迂回盘旋，在6km的直线距离内盘绕了27km；在任家湾和杨家湾之间的线路以30‰的大坡度急速爬升。为了克服地势高差，过杨家湾站后就以3个马蹄形和1个螺旋形（“8”字形）的迂回展线上升，线路层叠3层，高度相差达817m，即为著名的观音山展线。再经2364m长的秦岭大隧道穿过秦岭垭口，即进入嘉陵江流域并到达秦岭站；越过秦岭后线路即用12‰的下坡道沿嘉陵江而下，路经唐代诗人李白在《蜀道难》中发出的“蜀道之难，难于上青天”感慨的陈仓古道后抵达成都。整个宝成铁路工程打穿上百座大山，填平数以百计的深谷，单填土石方就有6000万m^3，按高宽各1m算，可绕地球赤道一周半以上。

由于受宝鸡至秦岭间长20km、30‰大坡道的控制，采用蒸汽机车牵引，牵引重量小，行车速度慢，运输效率低。因此在1958年开始对宝鸡至凤州段91km线路进行电气化改造。设计单位为原西北设计分局（现铁道部第一勘测设计院），后交由第三设计院电气化处（现中铁电化局电气化设计院）设计，通信信号部分由铁道部电务设计事务所完成；施工单位由铁道部电气化工程局总承包。1958年6月15日开工，1961年8月15日正式交付运营。宝鸡至凤州段电气化工程是我国第一条电气化铁路。参建职工本着干好学会的精神，边干边学，自力更生，艰苦奋斗，仅用了两年时间完成该段电气化改造任务并正式交付运营。

宝凤段电气化在设计上采用符合我国国情的交流单相工频25kV制。这一制式被国际上广泛采用，并在我国此后高速铁路和重载铁路上发挥着特有的作用。同时也为我国电气化铁路的技术政策、技术标准的制定奠定了坚实的基础。该项工程也创造了多项国内第一：中国第一段干线电气化铁路，铺设了全路第一条长途干线高低频对称电话电缆，中国铁路第一段调度集中。同时，宝成铁路宝凤段电气化铁路也是培养铁路电气化人才的摇篮。它为中国培养出第一代电力机车乘务、检修和变电所、接触网等各方面的运用人才，而且培养和锻炼了一支建设电气化铁路的专业队伍，积累了一套建设电气化铁路的经验，为以后的中国电气化铁路的发展奠定了坚实的物质技术基础。宝凤段电气化以中国铁路电气化的先导和成功试点而载入史册，宝凤段电气化，也是运用科学技术提高运能的成功试点。如宝鸡～秦岭上行三机（前2后1）牵引方式的试验成功、宝凤段双机牵引1500t提高到2400t，年运输能力由200万～250万t提高到700万t，由于电气化的实现，极大提高了劳动生产率，运营成本显著下降，社会、经济效益显著。

我国第一条电气化铁路宝成线开通

电力机车运行在宝

第一列车通过大巴山

和谐号机车运行在宝成线

兰新铁路

兰新铁路东起兰州西站，向西跨黄河，越海拔3000m的乌鞘岭，进入河西走廊，沿祁连山北麓、马鬃山南麓西进，跨红柳河进入新疆，再沿天山南麓经哈密、鄯善，过“百里风区”及吐鲁番盆地北缘，在达坂城穿越天山到乌鲁木齐，全长1903.8km，是建国初期国家投资建设的一条最长的铁路干线。

早在1906年（清光绪三十二年），清朝政府拟建伊犁及喀（什）新（吐鲁番）铁路，此为兰新铁路最早的修建动议。1952年10月1日在庆祝天兰线通车时，毛泽东主席题词：“庆贺天兰路通车，继续努力修筑兰新路”，即改称“兰新铁路”。

兰新铁路全线按Ⅰ级干线标准分段勘测设计。开始由铁道部设计局兰州测量队承担（1952年4月划归西北铁路干线工程局），1953年后由铁道部西北设计分局承担（1956年改为铁道部第一设计院）。兰新铁路由西北铁路干线工程局（铁道部第一工程局）负责施工，于1952年10月1日开工，1962年12月建成。

兰新铁路所经地区的地质条件复杂、环境恶劣，广大工程建设人员克服了难以想象的困难，创造了多项建设奇迹。兰新线大部分线路经过戈壁荒滩，工程分散，远离城镇，严重缺水，冬季漫长，运输困难。针对这些特点，施工中采用了许多特殊措施以加快工程进展。如：提前铺轨，尽量利用火车运输；利用工厂预制，成品化施工；积极推广机械化和小型机械施工；运用新技术，开展冬季施工，全线先后采用推广大爆破、耐寒砂浆、片石挤浆法等先进技术40余种。

兰新线总概算为72106．8万元，实际完成投资81385万元，平均每公里43．07万元。全线共计完成路基土石方7561万m^3；隧道20座7237延米，桥梁775座19965延米，通信13836对公里，信号132站，给水46处，房屋828448m^2，车站138个，正线铺轨1873.5km，站线铺轨362.7km。1966年1月1日，全线正式交付运营。

兰新铁路通车以后，结束了新疆没有铁路的历史，为新疆经济发展作出了积极贡献。兰新铁路对开发甘肃省西部也发挥了重要的作用，线路所经过的河西走廊，包括张掖、武威、酒泉和玉门等广大地区，资源丰富，过去由于不通铁路，经济萧条。兰新铁路通车后，这些地区的矿藏开发及工、农、牧业都有较大的发展。这条“大陆桥”的贯通，使中国、日本、港澳地区以及东南亚一些国家的大宗货物通过铁路即可运往原苏联、东欧、西欧以及黑海、波罗的海、地中海和大西洋沿岸各港。据测算，这比取道印度洋、苏伊士运河的海运可节省20%的运费，运期可缩短一半，而且更加安全可靠。

随着国家经济的不断发展、尤其是国家西部大开发战略对兰新线运能运量需求急剧增加，兰新铁路经过多次技术改造、扩大运能运量、六次大提速改造、武威至乌鲁木齐间增铺双线、新建乌鞘岭隧道等工程，使兰新铁路通过能力客车增加到40对，货运能力增加到7000万t/年左右，为兰新铁路赋予了新的生命力，为西部大开发、为推动西部地区经济快速发展做出积极的贡献。

第一座黄河铁路大桥——河口大桥

20 世纪 60 年代的乌鲁木齐站

黄河大桥破冰展开冬季施工

成昆铁路

关村坝隧道

成昆铁路北起四川成都，南至云南昆明，1958 年 7 月开工建设、1970 年 7 月 1 日建成通车，运营里程 1100km。是我国第一条全线一次建成、内燃机车牵引、连贯祖国大西南的钢铁大通道。全线有三分之二的地段通过山岭河谷，线路跨越大渡河、金沙江、龙川河等主要河流 98 次。

成昆铁路工程艰巨，全线除成都和昆明外，共设车站 122 个，有 42 个车站设在桥上或隧道内。修建各种桥梁 991 座，总延长 92.7km，占线路长度的 8.5%；隧道 427 座，总延长 341km，占线路长度的 31.5%；桥梁、隧道总延长达 433.7km，占线路长度的 40%。

成昆铁路由海拔 500m 左右的川西平原，逆大渡河、牛日河而上，穿越海拔 2280m 的沙木拉达隧道后，沿孙水河、安宁河、雅砻江，下至海拔 1000m 左右的金沙江河谷，再溯龙川江上行至海拔 1900m 左右的滇中高原。全线有 700 多公里穿过川西南和滇北山地，地形极为复杂，谷深坡陡，河流峡谷两岸分布着数百米高的陡岩峭壁。铁路所经地区，由于历次地质构造运动的影响，断裂发育，线路经过的牛日河、安宁河、雅砻江、金沙江和龙川江，大都是沿着或平行大断发育的构造河谷。由于地质新构造运动的影响，全线有 500 多公里位于地震烈度 7 至 9 度地区，其中通过 8 度和 9 度地震区长度有 200km。铁路沿线地质情况十分复杂，人称“地质博物馆”，不良地质现象不仅种类繁多，滑坡、危岩落石、崩塌、岩堆、泥石流、山体错落、岩溶、岩爆、有害气体、软土、粉砂等等，而且数量很大，较大的滑坡有 183 处、危岩落石近 500 处、泥石流沟 249 条、崩塌 100 多处、岩堆 200 多处。面对如此恶劣的地质条件，有人称为“修路禁区”。在如此困难的地形、地质条件下，为了选好线路位置，先后进行了 1500km 的地质测绘，地质钻探 21.2 万 m，挖探 1.3 万 m，经过 11000km 的比较线勘测（是建成线路的 10 倍），大小 300 多个方案的比选，历时 13 年，最后确定了线路。采用了 7 处盘山展线，13 跨牛日河，8 跨安宁河，49 次跨过龙川江，以此克服巨大的地形高差和绕避重大不良地质地段。

成昆铁路是我国 20 世纪 60 年代的铁路工程代表作，为中国铁路建设施工积累了宝贵的经验。1985 年，成昆铁路被国家授予建设科技进步特等奖；被联合国誉为“人类征服自然具有划时代意义的三大杰作之一”。成昆铁路的建成，是我国铁路建设史上的创举，也是世界铁路建设史上罕见的工程。

穿越极其复杂地质、地形的成昆铁路

通车汽笛声声响彻大小凉山

龙骨甸特大桥

金沙江铁路大桥

大秦铁路

大秦铁路是我国建设的第一条煤炭运输专用双线电气化铁路，西起于大同蒲铁路韩家岭站，东至秦皇岛港，途经山西、河北、北京、天津两省两市，全长653km。

党中央、国务院对大秦铁路建设十分重视，并列为国家重点建设项目。1983年，国务院成立重大装备大秦线领导小组和大秦铁路建设领导小组，1985年正式开工建设。大秦一期工程从大同韩家岭到北京平谷的大石庄站，1988年建成通车；二期工程从大石庄到秦皇岛的柳村一场，1992年建成。设计年运输能力5500万吨，远期目标1亿吨。大秦铁路60%穿越山区，桥梁隧道占线路总长21%，曲线占27%，线路最大坡度12‰。作为我国第一条现代化重载铁路，大秦铁路起建时就瞄准20世纪80年代国际先进水平。重载路基设计标准、施工质量均达到新中国成立以来最高水平；全长8460m的军都山隧道，是当时我国第二座长双线铁路隧道，使用至今22年未发生任何质量问题。大秦线一、二期工程成为我国重载铁路建设的标志性工程。

随着国民经济的快速发展，铁路运输的“瓶颈”现状日益凸显，扩大运能、增加运量迫在眉睫。铁道部审时度势，果断提出了依靠内涵扩大再生产、走可持续发展之路的科学决策，2004年底开始对大秦铁路进行2亿吨扩能改造。对11个车站到发线有效长度延长至2800m；新增设5座牵引变电所、改建9座既有牵引变电所，接触网导线截面由110mm^{2}更换为150mm^{2}的银铜合金导线；改造牵引电力远动系统；建立铁路综合数字移动、通信系统，设立计算机连锁自动闭塞、车载信号、环境监测系统；改建湖东机务段，新建柳村南机务折返段，对湖东车辆段进行改扩建；采用CTC调度集中系统，实现了调度组织指挥科学化。工程在多项技术领域取得较大突破，即：首次在技术作业站采用有效长度2800m的到发线；设计并采用了长达1500km的循环机车交路；首次实现了运用轨道电路低频信息锁定和切换机车信号接收载频功能；首次在技术作业场采用75kg/m钢轨12号可动心道岔。尤其有三项技术在国际上处于领先地位，一是首次借助GSM-R平台和热备机车通信模块，实现了分布在长大列车不同部位的多台机车同步牵引制动，成功开行了2万吨重载组合列车；二是首次开发并应用了大电流空芯线圈，系统解决了信号设备适应大牵引电流和抗大不平衡牵引电流能力的技术难题；三是首次实现重载铁路高密度运行模式，扩能改造当年即运送煤炭2亿吨。扩能改造工程用仅相当于建设新线1/3的资金，使大秦铁路实际运能增加了3倍，达到了4亿吨的能力，并节约土地2.4万亩，成为铁道部实施内涵扩大再生产的成功典范。扩能工程为中国重大装备的国产化和铁路建设提供了新经验。

如今，大秦铁路承担着全国4大电网、5大发电公司、10大钢铁公司、368家电厂和6000多家企业输送生产用煤任务。2009年大秦铁路完成3.3亿吨运量，2010年1月至8月已完成2.72亿吨，年运量将突破4亿吨。大秦铁路正以不断刷新世界重载运输纪录的壮举，书写着中国铁路科学发展、自主创新的精彩华章，吸引着世人目光。

列车驶出军都山隧道

运行中的两万吨列车

京九铁路

举世瞩目的京九铁路被誉为20世纪我国最伟大的铁路工程之一。它北起北京，南至深圳，连接香港九龙，沿线经京、津、冀、鲁、豫、皖、鄂、赣、粤九省市，正线全长2397.5km，另天津至霸州、麻城至武汉联络线155.7km，共计全长2553.2km，总投资399.8亿元。京九铁路雄居于京沪、京广两大铁路干线之间，形成了一条纵贯华夏南北的经济发展带，是当时我国铁路建设史上规模最大、投资最多、一次建成里程最长的国家Ⅰ级双线铁路干线。

建设京九铁路，是党中央、国务院为扩大对外开放、加快经济发展作出的重大战略决策。国务院专门成立京九铁路建设领导小组，协调解决建设中的重大问题。国务院各有关部委和沿线省市全力支持，保证了这一宏伟工程的顺利进行。广大铁路建设职工以“拼搏奉献、勇创一流”的高度责任感和使命感，创造了一个又一个奇迹，于1996年9月1日全线提前开通运营。

京九铁路不仅是几代铁路人智慧和心血的结晶，更是铁路人科学与技术的聚合，设计人员精心设计，工程设计先进合理、突出创新，充分体现时代精神和民族风貌，设计大师们按沿线城市不同人文特色，将全线九个省市的客站设计成一站一景，与当地风土人情、人文景观相吻合。建设者们更是以爱国、创新、自力更生、艰苦奋斗的精神，积极研发新材料、新工艺、新设备、新技术，应用于京九铁路建设。全线采用新技术46项。京九铁路不仅以最快的速度和一流的质量创造了我国铁路建设史上的新纪录，而且还是一条绿色环保、节能的长大干线铁路，并为今后大规模铁路建设积累了宝贵经验。京九铁路是优质、快速、高效建设铁路的典范。

京九铁路，是贯通我国南北的主要干线铁路，途经9个省级行政区，连接香港特别行政区。京九铁路的建成，对于完善我国铁路布局，缓解南北铁路运输的紧张状况起到重要作用。同时加强了内地与港澳地区的联系，有利于维持港澳地区的长期稳定和繁荣，其深远的政治、经济意义随着时间的推移将愈加显现。实践证明，党中央、国务院关于加快京九铁路建设的决策是英明伟大的。

京九铁路建设，带动沿线地方资源开发，推动革命老区经济发展，加快老区人民脱贫致富，被广大人民群众称赞为幸福路、致富路。各地充分利用这一交通优势，研究经济发展战略，调整产业布局，改进投资环境，促进资源开发，推动内陆地区发展，缩小东西差距和南北差距。经过十四年的运营，一条以京九铁路为辐射的新的南北向的经济增长带基本形成。

九江长江大桥

井冈山站

岐岭隧道

阜阳编组站

南昆铁路

南昆铁路东起南宁，西至昆明，北接红果，全长 899.68km，为国家Ⅰ级干线电气化铁路，经过 6 年多艰苦卓绝的奋斗，于 1997 年 11 月全线建成交付监管运营，1998 年 12 月通过了国家验收，设计和施工质量总评优良。

南昆铁路是我国继 1970 年建成成昆铁路之后，在艰险山区修建的又一条大能力、长大干线铁路。它从北部湾海拔 78m 的南宁盆地，沿右江河谷，越黔桂山区，爬上海拔 2000 多米的云贵高原，期间有 8 次大的起伏，其地形之险峻，地质之复杂，工程之艰巨浩大，为国内外山区铁路所罕见。全线共有桥隧 726 座，总长 267.5km，占全线长度的 31%，有的区段桥隧占线路的 70% 以上。

南昆铁路沿线地质复杂，跨越了两大 1 级构造单元，地层褶曲，断裂发育，岩体破碎，地下水丰富、条件复杂，地质灾害繁多，有岩溶、膨胀岩（土）、高瓦斯系地层、高烈度地震区等。全线有 375km 可熔岩地区，146km 膨胀岩（土）地区，220km 蜿蜒在 7 度以上的地震区内。

南昆铁路创造了中国铁路史上多项新纪录：我国铁路最高的桥——清水河大桥；我国第一座铁路平弯梁桥——板其二号大桥；我国

八渡南盘江百米高墩大桥

预应力锚拉式桩板墙

清水河大桥

首次采用“V”形支撑的连续刚构桥——八渡南盘江特大桥；我国首次采用双薄壁横梁联高墩大跨度连续刚构桥——喜旧溪大桥；当时国内建成的最长铁路单线隧道——米花岭隧道；当时国内各项瓦斯指标最高并集高地应力和大涌水等于一隧的铁路隧道——家竹箐隧道。而石头寨车站锚拉式桩板墙，其长度和高度均创亚洲最高纪录。

由于地形险峻加上地质复杂，南昆铁路的建设技术难度大，科技含量高，1999 年 6 月，铁道部组织了对《复杂地质艰险山区修建大能力南昆铁路干线成套技术》科技成果鉴定，宣布南昆铁路圆满实现了铁道部制定的南昆铁路建设科技进步总目标，列入计划的 37 项科技攻关项目和 25 项新技术推广项目全部完成，整个研究成果具有国际先进水平，部分达到国际领先水平。

南昆铁路投入运营后，铁路局加强经营管理， 取得了很好的社会效益和经济效益，对推动社会进步和巩固民族团结，起到了明显的促进作用。

喜旧溪大桥

板其 2 号大桥

青藏铁路

青藏铁路是目前世界上海拔最高、线路最长的高原铁路，工程建设面临三大世界性难题：一是多年冻土；二是高寒缺氧，空气稀薄，含氧量只有海平面的60%左右，年平均气温在0℃以下，最低气温为零下45℃；三是生态脆弱，由于特殊的地理环境和严酷的气候条件，生态环境一旦受到破坏，短期内难以恢复，甚至无法恢复。修建青藏铁路不仅是对我国综合实力和科技实力的检验，也是对人类自身极限的挑战。

新中国成立以来，党中央十分关心和重视修建进藏铁路。从1956年开始，国家就研究青藏铁路问题，进行线路踏勘设计，实施工程项目建设。在党中央的亲切关怀下，青藏铁路西宁至格尔木段于1979年铺通，1984年正式交付运营。进入新世纪，党中央、国务院从推进西部大开发、实现各民族共同繁荣发展大局出发，作出了修建青藏铁路格尔木至拉萨段的重大决策，提出了建设世界一流高原铁路的宏伟目标。

在青藏铁路建设中，从中央到地方上百个单位同舟共济、团结协作，形成了强大合力；铁道部统筹部署，周密安排，精心指挥，严格管理，联合开展科研攻关，密切协调专业配合，不断突破难点重点。全体参建人员以国家需要为最高需要，以人民利益为最高利益，继承中华民族艰苦奋斗、自强不息的优良传统，大力发扬自力更生精神和“挑战极限，勇创一流”的青藏铁路精神，借鉴学习先进技术，大力推进科技创新，奋力攻克“三大难题”，以惊人的毅力和勇气战胜各种难以想象的困难，在条件异常艰苦的雪域高原上顽强拼搏。经过不懈努力，2006年7月1日全线提前一年建成并通车运营，创造了世界铁路建设史上的一大奇迹，结束了西藏没有铁路的历史，实现了几代中国人特别是沿线各族人民的心愿。

青藏铁路建设紧紧围绕建设世界一流高原铁路目标，按照列车快速通过高原、运营设备“免维修”、实现“无人化”值守的要求，依靠科技进步，立足自主创新，开展了大量科学试验，在破解“多年冻土、高寒缺氧、生态脆弱”三大世界性工程难题上取得重大突破，取得了一系列重大成果，积累了建设高原铁路的宝贵经验，为管好用好世界一流高原铁路提供了强有力的技术支撑。其主要标志是：冻土工程安全稳定；高原卫生保障成效显著，高原病防治技术居国际领先水平；环境保护和水土保持全面达标，建设环境保护和水土保持工作居国内领先水平，具有示范意义；技术设备先进适用。

青藏铁路建成通车，对青藏两省区加快经济社会发展、改善各族群众生活，对增进民族团结和巩固祖国边防，都具有十分重大的意义。对青藏两省区优化资源配置，推动经济结构调整，加快旅游产业发展，增加就业岗位，促进农牧民增收致富，提高沿线各族群众生活水平起到了极大的促进作用。

青藏铁路已开行北京、成都、重庆、上海、广州、兰州、西宁至拉萨的旅客列车和货物列车。截至2010年8月底，青藏铁路格拉段共运送货物841.3万t，运送旅客667.3万人次。统计数据显示，2007、2008、2009年，西藏自治区国内生产总值较上一年同比增长14%、10.1%、12.1%，青海省同比增长12%、12.5%、10.1%，均高于全国同期平均增长水平。青藏铁路开通运营四年来，工程质量可靠、技术设备稳定、运输安全畅通，为青藏两省区建成经济发展、社会和谐、环境优美的地区提供了可靠的运力保障，被沿线各族人民誉为经济线、团结线、生态线、幸福线。

清水河以桥代路特大桥，全长11.7公里

与周边景观相协调的拉萨河特大桥

列车穿越在雪域高原

京津城际铁路（含北京南站改扩建工程）

京津城际铁路全长120km，最高运行时速350km，是我国第一条具有完全自主知识产权、世界一流水平的城际高速铁路。它的建成通车运营，标志着我国铁路技术进入世界先进行列。

铁路全线采用我国自主研发的无碴轨道系统，属国际领先水平。核心技术有：350km铁路松软土路基设计、施工技术；350km铁路整孔箱梁设计、制造、运架成套技术；桥梁徐变变形和基础沉降控制技术；跨区间无缝线路施工技术；综合接地技术。

铁路构建了具有中国特色世界先进水平的高速动车组技术体系和时速350km动车组技术平台，设计并批量生产国产时速350km高速动车，研制成功时速250km综合检测列车。

工程对高速铁路建设线下与线上工程、站前与站后、工程、固定设备与移动设备进行了成功的集成。创新的GSM-R铁路数字移动通信系统、CTC运输调度指挥系统、CTCS－3D列控系统和高速铁路牵引供电系统，满足列车最高时速350公里、最小追踪间隔3分钟的安全运输要求，并实现了远程监控。

建立完善了时速350km高速铁路的设计、施工、建设、运营等方面的技术标准、规章制度，初步形成了具有自主知识产权的时速350km高速铁路技术体系。

坚持绿色施工，节约耕地、保护环境。“以桥代路”（全线桥梁长度占到线路总长的87%）；建设中对全线的桥梁、站房、雨棚、站区等建筑进行“景观设计”，建设“绿色长廊”；安装声屏障；通过安装真空式集便装置和对污物、污水集中收集实现垃圾零排放；体现了建设和谐铁路的理念。

京津城际铁路的建设实践，为建设世界一流高速铁路提供了技术支撑和宝贵经验，对提升我国铁路自主创新水平，加快实现铁路现代化建设意义重大。

北京南站改扩建工程是国家“十一五”重点工程，位于北京市南二环开阳桥南，是国内第一条高速铁路——京津城际铁路的始发站，是集国有铁路、地铁、市郊铁路和公交、出租等市政交通设施为一体的大型立体综合交通枢纽，是中国首座高标准现代化的客运专线大型客站，设计日发送能力达到28.7万人次。

北京南站工程总建筑面积34.60万m^2，其中站房主体建筑面积22.49万m^2，附属配套工程2.88万m^2，站台雨篷投影面积7.10万m^2，高架环路2.13万m^2。站房双曲穹顶最高点标高40.25m，檐口高度20.00m；两侧雨篷为悬垂梁结构，最高点31.50m，檐口高度16.50m。地上部分长轴500m，短轴350m；地下部分长轴397.10m，短轴332.60m。地上两层，地下三层。整个车场从北往南依次为3台5线普速车场、6台12线高速车场和4台7线城际车场，共计到发线24条，站台13座。站场土石方106万m^3，铺轨44.8km，道岔103组。凉水河中桥是连接站场西咽喉与主站场的枢纽，由16座连续刚构桥组成。北京南站共架设接触网57条公里；设变配电所7座，电力电缆累计达300km。

北京南站工程是国内建成的铁路客运中规模最大、新技术运用最多、现代化程度最高的车站。工程平面布局紧凑，建筑体量庞大，系统繁杂，工期紧迫，科技创新点众多。

1. 车站设计采用多项创新技术：（1）首次采用先进的车流、客流模拟仿真技术，创建了多种交通方式在车站实现多层面、多方向高效衔接的立体交通模式；（2）首次采用房桥合一结构体系，实现大型铁路客站多元化功能需求；（3）首次提出的大吨位型钢－混凝土联结节点方案，解决了轨道层方－圆柱连接与钢筋混凝土梁同上、下钢管混凝土柱连接的技术难题；（4）采用了太阳能光伏发电系统与建筑一体化技术，在国内首次大面积采用铜铟镓硒薄膜电池；(5)热电冷三联供和污水源热泵技术首次将一次能源利用率提高到90%以上，实现了能源梯阶利用；(6)首次提出了客服系统终端设置标准。

2. 在站房施工中进行了多项工艺开发和创新：(1)钢结构安装采用重型吊车走行平台钢支撑系统，完成大跨度空间钢结构的安装，施工技术达到国际先进水平；(2)雨棚空间钢结构施工采用仿真模拟计算、全站仪坐标定位、分单元高空焊接等技术，满足了设计和质量要求；(3)轨道层动荷载下钢筋直螺纹套筒连接技术的研究与应用填补了铁路行业的空白；(4)轨道层梁柱节点钢牛腿型钢－混凝土结构应用在站房工程施工中尚属首例；(5)厚大体积聚丙烯纤维混凝土的施工技术，确保了轨道层大体积混凝土无有害裂缝。

3. 牵引供电系统的主要创新有：（1）首次使用恒张力补偿装置和无拉线锚柱，简化了设备，节约了空间，美化了站场；（2）对接触网线岔采用新型悬挂形式，提高了站场咽喉区接触网稳定性；（3）国内首次实现通过调度中心SCADA系统对变配电环境与设备监控（BAS）系统进行监控和管理。

4. 在环保方面的创新有：（1）采用轨道道床下铺设减震挤塑板缓冲层，使用混凝土弹性宽枕，站台墙上安装吸音板等综合降噪技术，大大减少了列车运行的噪音干扰；（2）对周边噪声敏感的居住区设置装有干涉器的直声屏障和折角式声屏障，在钢轨轨腰粘贴阻尼材料等，是铁路进入城市区有推广价值降噪措施。

北京南站工程针对设计、施工过程中出现的各种技术难题进行研究，较好地解决了城市建设、公共交通、铁路运输、环境保护等多行业、多领域的技术难题，实现了“功能性、系统性、先进性、文化性和经济性”的和谐统一，社会、经济效益显著。

北京南站作为京津城际和京沪高速铁路的始发站，其建成开通在这两条客运专线的建设过程中占有举足轻重的地位，对拉动地区经济发展，提高铁路建设水平、扩大铁路影响力等方面具有重要意义。北京南站现已成为北京的新地标，已成为集多种交通方式于一体的大型客运综合交通枢纽的代表，是我国铁路现代化客运建设和技术创新的里程碑工程。

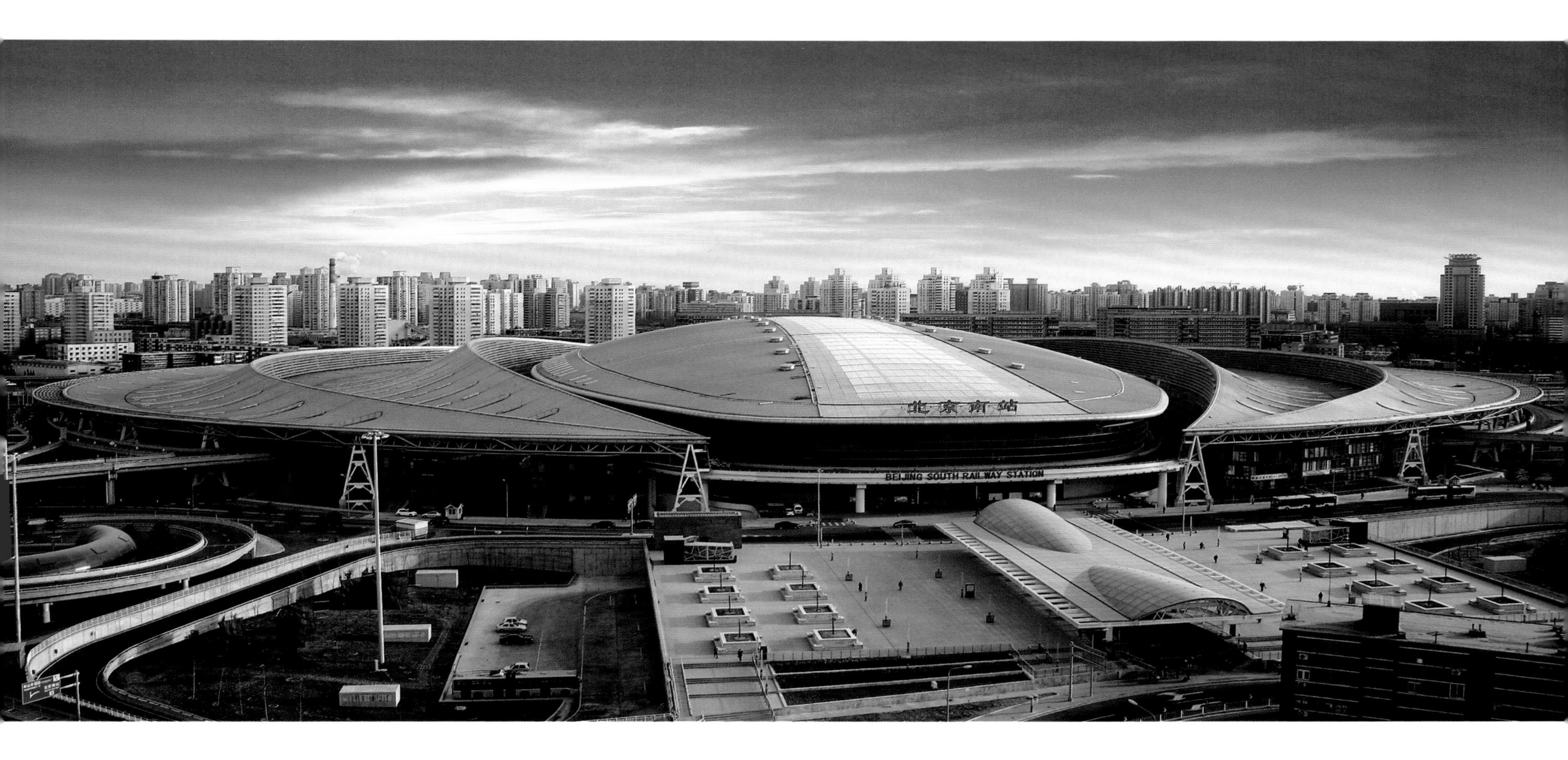
北京南站
BEIJING SOUTH RAILWAY STATION

和谐号
CRH
和谐号

北京南站

北京西站夜景

武广铁路客运专线

武广路基工程

武广铁路客运专线起于我国中部城市武汉，经湖北、湖南及广东三省，终于我国华南最大城市广州，营运里程1068公里，属于北京—广州高速铁路线路的一部分，是连接中国南北最重要的交通大动脉。

旅客列车设计速度350km/h，设计行车密度3分钟/列，最小曲线半径一般9000m、困难7000m，最大坡度20‰，正线一次性铺设无砟轨道，到发线有效长650m。牵引供电采用AT供电方式，列控系统采用CTCS3级（兼容CTCS2级）列控系统，列车运行方式采用自动控制，行车指挥采用综合调度集中。

全线主要设桥梁691座470km、隧道226座178km，桥隧比66.87%，路基1100个工点320km，跨线建筑物144座。全线设15个客运站。工程总投资1260亿元。

2005年6月23日开工建设，2009年12月26日正式开通运营，总工期4.5年。

武广铁路客运专线是世界上一次开通线路最长，运行速度最高的高速铁路，代表了当今世界高速铁路的最高水平。武广高铁开通之后，武汉至广州间旅行时间由原来的11小时缩短到4小时之内，形成了大能力的快速客运通道；实现了武汉－广州间铁路客货分线运输、缓解重点物资运输瓶颈制约提供了有力的保证；对推动沿线城市化和工业化发展、加快三省经济发展奠定了良好的基础。

武广客运专线建设采用部省合资建路的模式，铁道部和湖北、湖南、广东省共同组建武广铁路客运专线有限责任公司负责高速铁路的建设，各级地方政府积极做好铁路建设的征地拆迁，全面支持和参与铁路建设工作，推进了铁路建设体制创新。

在武广客运专线建设过程中，我们瞄准世界最先进水平，通过把原始创新、集成创新、引进消化吸收再创新紧密结合起来，系统掌握了高速铁路建造技术，其中，工程建造技术、牵引供电技术、列车控制技术、系统集成技术、节能环保技术、客站建设技术达到世界先进水平。形成具有自主知识产权的高速铁路技术体系，走出了一条铁路自主创新的成功之路。

在武广客运专线建设过程中，参建各方按照质量、安全、工期、投资效益、环境保护，技术创新“六位一体”的要求，建立和完善了技术标准，管理标准和作业标准，以机械化、工厂化、专业化、信息化为支撑，全面推行目标管理和标准化管理，全面实现了各项建设目标。

衡阳湘江大桥

浏阳河隧道

隧道群

福厦铁路

福厦铁路是国家中长期铁路网规划“四纵四横”客运专线的重要组成部分。它把长三角、海峡西岸和珠三角经济区紧密联系起来。对缓解东南沿海地区铁路“瓶颈”制约、完善路网结构、提高综合运输能力、促进海峡西岸的经济发展、推动祖国统一，具有十分重要的意义。

福厦铁路北起福州市，南达厦门市，全长274.9km，北接峰福线和温福线，南连鹰厦线和厦深、龙厦线。沿线分别设福州南、福清、莆田、泉州、晋江、厦门西、厦门等13个车站。该线为国家一级双线电气化铁路，设计旅客列车速度200km/h，普通货物列车速度120km/h，预留进一步提速条件。最小曲线半径为 4500m，限制坡度6‰，到发线有效长850m，牵引重量3500t，建筑限界满足双层集装箱列车条件。机车类型客车采用动车组，货机采用六轴电力机车。

全线共有桥梁191座、86676m，隧道40座、42662m，涵洞552座、14285m，路基土石方4343万m^3；站房面积24.16万m^2，生产用房5万m^2。全线正线轨道铺设跨区间无缝线路，除黄晶岭隧道间铺设10.1km无砟轨道外，其余部分均为有砟轨道。

全线于2006年6月7日开工建设， 2010年4月26日正式开行动车组。

福州南站是全国十大区域客运枢纽之一，总建筑面积18万m^2，建筑总高度55.3m，雨棚采用的张悬梁跨度全国最大；火车站房换乘大厅全国最大；厦门西站：总建筑面积16.2万m^2，建筑总高度66.78m，站房高架候车厅跨度132m、长度220m，候车厅无柱，是目前国内站房中单跨跨度最大的车站。

闽江特大桥主跨采用三跨（99+198+99）m连续钢桁柔性拱梁，是目前国内铁路客运专线同类桥梁之最；厦门跨海特大桥全长5110m，受潮汐落差影响较大，并处在国家一级保护动物白海豚海域施工，铁路桥与原公路桥并行，成为厦门新地标性建筑。木兰溪特大桥全长6830m，其中128m系杆拱梁在国内同种桥梁中跨度最大，重达3000多吨；乌龙江特大桥主桥为(80+3×144+80)m混凝土连续梁，连续梁全长593.8m，是我国铁路最大跨度的预应力砼连续梁桥，并成功研制了大吨位双曲面球型减隔震支座。

黄晶岭2号隧道全长5735m，地质条件复杂，隧道通过地段进出口附近坡残积层及风化层厚度较大，洞身段断裂及节理断裂发育，洞内采用双块式无砟轨道结构。

工程首次采用了CFG桩、预应力管桩等桩网结构复合地基处理软土路基；莆田站道岔采用时速350km客运专线60kg/m钢轨42号单开道岔；全线采用了新型红外线轴温探测系统（THDS-A）；信号工程采用CTCS-2级列车运行控制系统技术；全线安装了具有世界先进水准的防灾安全监控系统，设置了63个监测点监控风雨、异物。

目前开通运行速度达250km/h，已开行25对动车组，计划再增开12对。日均发送旅客4.8万，上座率达118%，为全国上座率较高的客运专线之一，福州至厦门只需1.5小时（原通过绕行鹰厦线需15小时）。自开通以来，设备状态良好、安全稳定可靠，工程质量经受了检验，也经受住了台风、特大暴雨和洪涝灾害的考验，使福建的交通运输有了质的飞跃，有力支撑了海西经济区快速发展。

黄晶岭二号隧道出景

鼓山隧道高架桥

闽江特大桥

厦门西站

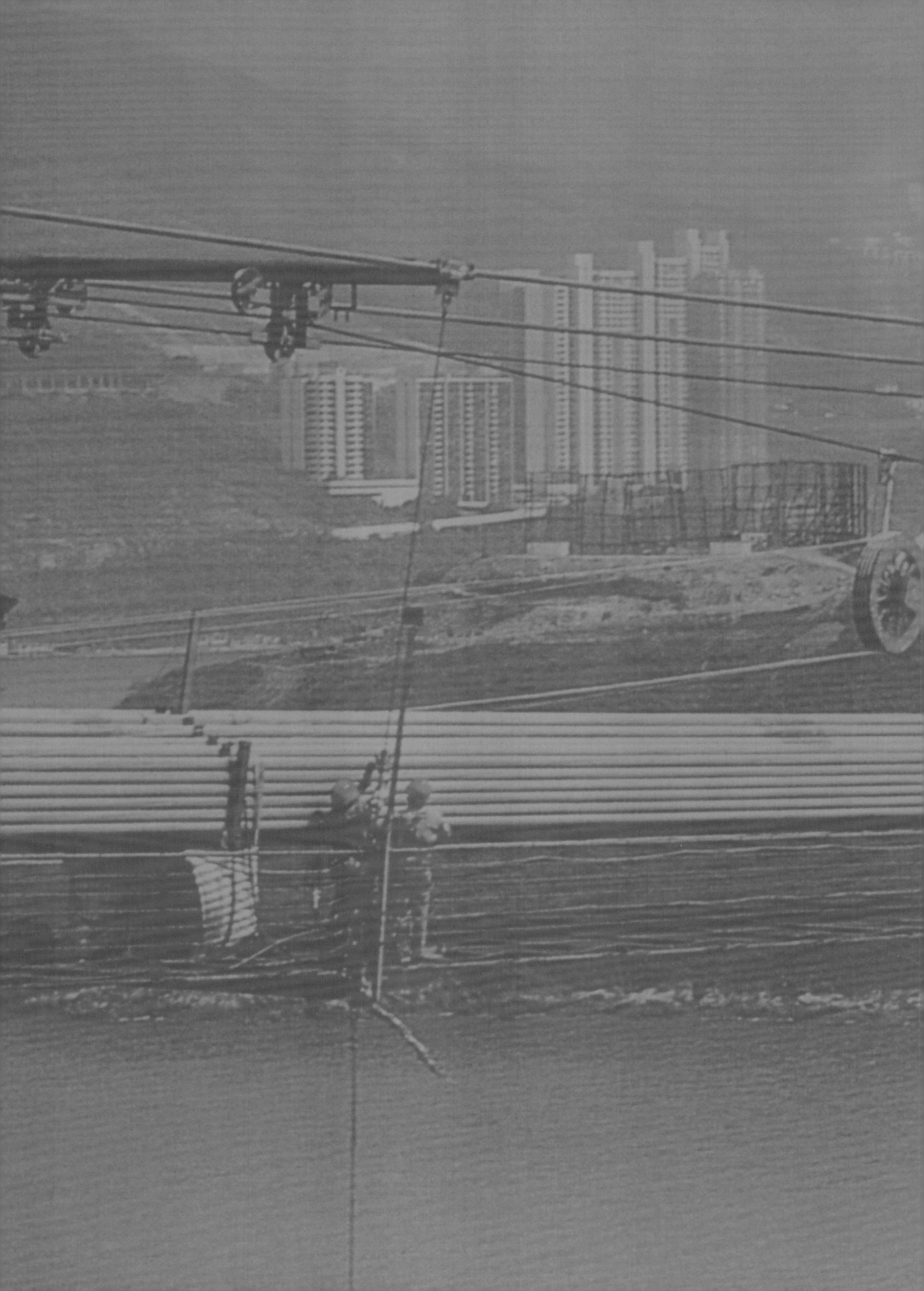

2 桥梁工程

- 钱塘江大桥
- 南京长江大桥
- 南京长江二桥
- 苏通长江公路大桥
- 江苏润扬长江公路大桥
- 江阴长江大桥
- 芜湖长江大桥
- 上海南浦大桥
- 上海卢浦大桥
- 上海杨浦大桥
- 东海大桥
- 武汉长江大桥
- 武汉天兴洲长江大桥
- 重庆菜园坝长江大桥
- 重庆朝天门长江大桥
- 济南黄河大桥
- 厦门海沧大桥
- 番禺洛溪大桥
- 贵州水柏铁路北盘江大桥
- 香港青马大桥
- 澳门西湾大桥
- 台湾高屏溪桥

钱塘江大桥

钱塘江大桥位于杭州市区南端，著名景点六和塔东侧约700m处，在浙赣铁路南星桥站与钱塘江站之间，北靠西湖区二龙山东麓，南接萧山浦沿乡联庄村上沙埠，因横跨钱塘江而得名。钱塘江大桥是我国自行设计和建造的第一座双层式公铁两用特大桥，由我国著名桥梁专家茅以升负责设计和监督施工，于1937年9月建成通车，至今已有七十多年的历史，是中国建桥史上的一个里程碑，被国务院批准列入第六批全国重点文物保护单位名单。该桥位于铁路沪昆绕行线K8+219，上层为双车道公路，桥长1759.7m；下层为单线铁路，桥长为1322.1m。

1934年11月11日，举行建桥开工典礼，次年4月6日全面铺开。由于工程艰巨，且有流沙、涌潮等困难，实际施工一年半时间。在施工中，打破传统方法，采用基础、桥墩、钢梁三项工程并进，一气呵成，改变了先做下面基础，后做上后桥墩，最后架梁的常规施工方法。施工中设计制造多种专用机械设备，创造性地使用“射水法”、“沉箱法”、“浮运法”，先后解决380多个施工重大难题。由于采用新施工方法，且组织协调得当，桥墩打桩、南北两岸引桥桥墩及正桥基础和桥身主体工程等，历时两年即竣工。1937年9月26日完成铁路接轨通车，11月7日完成公路桥通车。

大桥建成后，抗日战争已全面展开。通车3个月后，为阻止日军南进，遂于当年12月23日下午奉命爆炸破坏，5孔钢梁倾坠江中，3座桥墩损坏严重。此后，钱塘江大桥又遭3次破坏。1944年3月28日和1945年2月4日，抗日游击队对5号墩、6号墩实施爆炸。1949年5月3日国民党军队撤逃时再次破坏大桥。由于中共地下党组织开展护路保产活动，对国民党炸桥军队做好教育争取工作，大大减轻破坏程度，仅5孔、12孔公路和铁路面遭轻微爆炸破坏，经人民解放军组织抢修，一周内公路、铁路即恢复通车。钱塘江大桥自建成以来，桥上跑过的火车不计其数。解放战争时，很多军用物资就是通过这座大桥运输到前方，一直到新中国成立后搞经济建设，大桥为华东地区经济建设发展、江南城市经济建设，做出了巨大的贡献。

中信银行

南京长江大桥

南京长江大桥位于江苏省南京市下关和浦口之间，是继武汉长江大桥和重庆白沙砣长江大桥之后的第三座跨越长江的大桥，是全部由中国自行设计和施工的特大铁路、公路两用的双层连续钢桁梁桥，上层为公路桥，下层为双线铁路桥。该桥铁路桥长6772m，公路桥长4589m，宽15m，其中江面正桥10孔，长1576m。南京长江大桥是新中国桥梁建设的又一座里程碑。

桥位距入海口约400公里，位于感潮河段，径流浩大，水文情况主要由江流因素控制，也受潮汐影响，年最大潮差平均值为1.42m。设计流量95500m²/s，设计流速2.5m/s。桥梁基础受力层为白垩纪火山岩系和老第三纪浦口层，极限强度最大为200～400MPa，最小为11～15MPa，冲击层厚度在正桥河床下为33～47m。南京地区年平均降雨量为995.3mm，最高温度达43℃，最低温度－14℃， 最大平均风速为27.8m/s，夏季受台风影响。

主要技术标准：公铁两用连续钢桁梁桥，上层为四车道公路，下层为双线铁路。桥梁宽度：上层公路为15+2×2.25 = 19.5m；铁路为14m。车辆荷载：铁路活载为中—24级，公路活载为汽—18级及拖80验算，人群活载300kg/m²。设计风速：27.8m/s。船舶撞击力：船舶最大长度取164m，据此进行船撞力计算。作用点取计算通航水位以上1m处。地震基本烈度：桥址处于6级地震区，故按7度设防。通航净空：桥下净空高度为24m，通航净宽大于120m。

新中国成立后，随着经济建设的发展，中央决定要尽早、尽快建成南京长江大桥。大桥局在修建武汉长江大桥时，就根据国务院的意见，开始为建造南京长江大桥搜集资料，并组织有关人员就修建南京长江大桥进行酝酿。与此同时，铁道部于1956年指定设计总局大桥设计事务所（大桥局勘测设计院前身）着手进行南京长江大桥的勘测设计工作。是年5月，开始草测，12月完成。1957年，设计总局大桥设计事务所改编为专业设计院大桥设计处，同年8月，编就南京长江大桥设计意见书送达部审查。1958年8月开始初测工作，同年12月完成。大桥于1960年1月正式开工，1968年12月建成通车。该桥荣获国家科技进步特等奖。

大桥在建设过程中，国产16锰低合金桥梁钢是在本桥首先采用的，以后逐渐在铁路钢桥中广泛使用。我国首次在特大桥梁上使用轻质混凝土，公路桥面由混凝土板及钢纵梁组成，混凝土行车道板的粗骨料采用粉煤灰陶粒，具有质坚而质量轻的特点，全桥共用粉煤灰陶粒混凝土5615m³，与普通混凝土比较，每立方米减轻0.5t，全桥共减轻2800t，使钢梁恒载减轻1.8t/m。4至7号墩采用的自浮式钢筋混凝土沉井基础，在基础施工中首创的“半支承、半漂浮”工艺，打破了传统的先落底，再整平和清基的陈旧做法，成功地用普通潜水装置下潜70m深水，解决了基底质量检验与水下焊接、氧割等难题。为灵活运用各种施工手段建造深水桥墩，创造了有价值的实例，在提高我国桥梁基础设计、施工水平的过程中，跨出了重要的一步。

南京长江大桥40多年来已经有200多万趟客货列车和5亿多辆次的汽车从它巨龙般的身躯上驶过，创造的直接经济效益超过80亿元。1960年1月大桥正式动工兴建，在那个特殊的历史阶段，建成如此巨大的一个工程注定带有浓厚的政治色彩。大桥工程刚上马就遇到严重的经济困难，加之当时的苏联政府撤走专家，撕毁合同，中断钢梁供应，使大桥建设面临进退两难的境地。上世纪60年代中期，随着国民经济好转，大桥进入钢梁架设的关键阶段，但又受到“文化大革命”的严重干扰。在重重困难和压力的面前，大桥建设者们没有退缩，他们以国家主人翁精神和实事求是的科学态度，自力更生，发愤图强，提出“修好争气桥，为祖国争光”的口号，不等不靠，用自己的力量建成了这座举世瞩目的划时代桥梁。

全国各族人民的大团结万岁！
我们的国家是工人阶级领导的以工农联盟为基础的人民民主专政的国家。

南京长江二桥

南京长江二桥是国家“九五”重点建设项目，位于现南京长江大桥下游11km处，大桥采用跨径（58.5+246.5+628+246.5+58.5）m，总长为1238m的五跨连续钢箱梁，该跨径建成时居同类桥型中“国内第一，世界第三”。桥面宽32m（不含斜拉索锚固区）。2001年3月建成通车。大桥的建成使我国大跨径斜拉桥设计、施工水平跃居世界领先地位，是我国桥梁建设史上一座新的里程碑。

该工程的主要新技术应用与科技创新：

1. 大桥基础采用双壁钢围堰、承台、封底混凝土和钻孔桩组成的复合基础（直径36m、高65.5m的大型钢围堰和21根直径3m的钻孔桩深水基础，为当时国内最大的钢围堰和钻孔桩复合基础），共同抗御船撞力，从而大大减小了基础的桩数和钢围堰的直径，是对传统设计方法的一大突破。

2. 引入斜拉索无应力索长控制理论，建立对大跨径全焊接钢箱梁安装施工实时控制体系。采用一次张拉到位，不再进行索力调整，斜拉索张拉力与主梁标高实施双控。最终合龙时线型平顺，轴线误差仅为1mm，主梁梁体应力、标高及桥轴线与设计值良好吻合，施工控制精度达到国际先进水平。

3. 在钢桥面上首次采用环氧沥青混凝土铺装新技术，研究了环氧沥青混凝土钢桥面铺装结构分析、环氧沥青混合料的性能、铺装层与桥面板的结合性能、施工工艺等。技术试验研究项目多达46大项，一百多个子项。对复合梁在低温、常温 、高温及常规荷载和超载情况下的疲劳特性进行了全面系统的研究，实现了复合梁疲劳寿命超过1200万次，突破了其他类型钢桥面铺装材料的应用极限。钢桥面铺装使用性能优良，达到国际领先水平，为我国桥梁钢桥面铺装技术开辟了一条新路。

4. 大直径钻孔桩施工、大体积承台混凝土浇筑技术。确保了大直径超长桩混凝土、钢围堰封底和承台大体积混凝土的浇筑质量。自行研制的全导向钻杆保证了钻孔的垂直度、稳定性，解决了在高水位情况下超长钻杆（130m）自由度过大的问题， 在1998年特大洪水期间，创下了在长江中下游深水基础施工没有停工一天的奇迹。

5. 针对钢箱梁加工，提出了一整套钢箱梁拼装制造工艺流程的新思路：焊接、矫形自动化；装配板单元化；焊接变形综合控制； 使我国钢箱梁制造技术达到了国际先进水平。

苏通长江公路大桥

苏通长江公路大桥（简称"苏通大桥"）位于江苏省东部的南通市和苏州（常熟）市之间，是交通部规划的黑龙江嘉荫至福建南平国家重点干线公路跨越长江的重要通道，是我国第一座超千米的斜拉桥，于2008年6月建成通车，大桥总投资64.5亿元。

苏通大桥工程全长32.4km，采用双向六车道高速公路标准，由南、北接线、跨江大桥三部分组成。其中，跨江大桥全长8146m，主桥采用主跨1088m的斜拉桥，是世界首座跨径超千米斜拉桥。主通航孔宽891m，高62m，可满足5万吨集装箱货轮和4.8万吨级船队通航需要。大桥于2003年6月开工建设，工程总投资约85亿元。苏通大桥的建成创造了四项世界之最：最大跨径，1088m；最高桥塔，高300.4m；最大基础，每个桥塔基础有131根桩，每根桩直径2.85m，长约120m；最长拉索，共272根拉索，最长拉索长达577m。

苏通大桥建设条件复杂、技术要求高、设计和施工难度大。全体建设者认真落实部、省领导协调小组的部署，尊重科学、博采众长，紧密依靠专家，历时五年，在长江河口地区建成了世界上跨度最大的斜拉桥，攻克了多项关键技术难题，取得了丰硕的技术创新成果。实现了"安全、优质、高效、创新"的总体建设目标，创造了巨大的经济和社会效益。

大桥建设过程中，通过100多项专题研究、近30项省科研计划项目、交通部重大攻关专项和国家科技支撑计划项目的实施，苏通大桥成功开发了半漂浮结构体系、索塔锚固区钢混组合结构、减隔震支座等3项新型结构体系，研发了1770MPa斜拉索用高强钢丝等1项新材料；研制了长桩施工定位导向系统、多功能双桥面吊机、轻型组合式三向调位系统、超长斜拉索制作和架设成套专用设备等4套新设备；形成了深水急流环境下超长大直径钻孔灌注桩施工平台搭设、超长大直径钻孔灌注桩施工、超大型钢吊箱下放、大型群桩基础永久冲刷防护、300m索塔测量与控制、超长斜拉索制作、钢箱梁长线法拼装、上部结构施工控制、多跨长联预应力混凝土连续梁桥短线匹配法施工等9项施工新技术；形成了千米级斜拉桥与多跨长联预应力混凝土连续梁桥建设成套技术。

大桥的建设坚持了自主建设和国际咨询的正确方针，使大桥所采用的技术达到了20世纪90年代国际先进水平。

江苏润扬长江公路大桥

国家重点工程——润扬长江公路大桥（简称润扬大桥）是江苏省“四纵四横四联”公路主骨架和南北跨长江公路通道的重要组成部分，北起扬州南绕城公路，跨经长江世业洲，南迄于沪宁高速公路，连接京沪高速公路、宁通一级公路、沪宁高速公路和宁杭高速公路，同时连接镇江、扬州二座历史文化名城。工程全长35.66km，由北接线、北引桥、北汊桥、世业洲互通高架桥、南汊桥、南引桥、南接线及南接线延伸段等部分组成，在桥址处长江被世业洲分隔成南北两汊，其中南汊为长江的主流，主要通行海轮和船队；北汊是支流，主要通航200t以下的船只。南汊主桥采用主跨1490m的单孔双铰钢箱梁悬索桥，建成时其跨度列中国第一、世界第三；北汊桥采用176m+406m+176m的三跨双塔双索面钢箱梁斜拉桥，引桥均采用预应力混凝土连续箱梁桥。大桥设计使用寿命为100年，于2000年10月20日开工建设，2005年4月30日建成通车。

润扬大桥全线按高速公路标准建设，从扬州南绕城公路至镇江312国道互通为双向六车道，设计车速100km/h，从镇江312国道至丹徒枢纽为双向四车道，设计车速120km/h，车辆荷载等级为汽车——超20级、挂车——120，地震烈度采用基本烈度7度，桥面全宽32.5m，南汊通航净高为海轮50m、江轮24m，净宽为海轮390m、江轮700m，北汊通航净高18m，净宽210m。

工程采用了大量的创新技术：

1. 冻结排桩工法。南锚碇基础成功采用排桩冻结围护方案进行基坑施工。排桩冻结法是一种全新的基坑施工工法，应用于桥梁基础工程在国内属于首次，尚未检索到国外使用该工法进行敞开式、大面积、深基坑施工的实例。排桩冻结法将两种成熟工法有机结合，解决了南锚碇基坑围护结构的嵌岩问题，也解决了防渗封水的问题，施工可操作性强，风险可控，工程费用与其他施工方案相当，工期短。

2. 微膨胀混凝土施工技术。北锚碇基础底板混凝土方量达15800m^3，属大体积混凝土，采用微膨胀混凝土施工，仅用92h连续浇筑完成。一次浇筑基础底板施工方案，比分块设后浇带施工节省工期约20天。

3. 自密实混凝土技术。北锚碇基础填芯施工由于基坑内支撑体系的阻挡，内衬墙混凝土浇筑时顶面无法振捣，自密实性能混凝土的使用保证了混凝土的施工质量，润扬大桥锚碇基础近万方混凝土自密实混凝土的使用，积累了成功经验，填补了国内空白，具有广泛的应用价值。

4. 大落差混凝土施工技术。北锚基坑深度最大达50m，施工中研制了一套垂直输送混凝土防离析装置，使用效果较好，有效地防止了混凝土垂直输送过程中产生的离析。

5. 钢吊箱整体吊装。北塔承台采用钢吊箱作为施工挡水结构和施工模板，近千吨钢吊箱整体吊装一次成功，定位后，轴线偏差仅为1.1cm，高程偏差只有1.7cm，缩短工期一个月。

6. 无抗风缆猫道。国内首次采用无抗风缆猫道系统，减少了对通航的影响，节约了猫道架设时间。

7. 悬索桥PPWS索股的制作技术。PPWS索股制作提出了股内误差控制理论以及股内误差控制技术，提高了索股的制作精度。通过卷取力在线监控技术，解决了以往架索中因为索股内层松弛易产生“呼啦圈”问题，大大缩短了主缆架设工期，降低了索股架设施工难度。

8. 主缆除湿系统。在国内首次采用了主缆除湿系统，除湿系统运行一年后，润扬大桥主缆内相对湿度小于60%。

9. 悬索桥防渗水吊索技术。润扬大桥采用新型密封填充材料，结合锚具密封结构设计，形成了良好的防渗水系统，有效地解决了索体与索夹以及梁连接起来的吊索锚具的防渗水问题，该技术获得了国家实用新型专利。经一年多的使用，未发现吊索渗水现象。

10. 针对复杂地质水文条件及基坑干施工的要求，进行深基坑降水与周边沉降控制研究，提出了可以实时计算出各分层地下水位的双层结构地下水运动的数学模型和计算方法，提出了针对不同水文、工程地质环境下控制深基坑周边地面变形的原则和具体方法，优化了帷幕——排水组合方案。鉴定委员会认为，研究成果达到了国际先进水平。

11. 在国内悬索桥首次采用了刚性中央扣构造，有效地改善了短吊索受力，减小了活荷载引起桥面的纵向位移，同时增强了悬索桥的整体刚度。在国内首次在悬索桥加劲梁上设置风稳定性板，提高了大桥的颤振稳定性，节约了工程造价。

大桥建成后，过往交通由汽渡改为从桥上直接通过，缩短了通过时间；缩短了镇江扬州两市时空距离，繁荣了两市市场，带动了两岸经济发展。全桥提前通车节约了大量资金，上部结构施工成套技术、粉煤灰的广泛采用等创新技术的应用，降低了工程成本，同时，工程的创新成果被阳逻大桥、苏通大桥、西堠门大桥等工程借鉴应用。

该桥的建成，明显提升了我国特大跨径桥梁建设的技术水平，总体达到国内领先，国际一流水平，集中体现了当前我国桥梁建设的最高水平，为我国大跨径桥梁建设积累了宝贵经验。

江阴长江大桥

江阴长江大桥是国家“两纵两横”公路主骨架中同江至三亚国道主干线及北京至上海国道主干线的跨江“咽喉”工程。桥梁全长3071m，主跨1385m，是我国第一座跨径超越千米的特大型钢箱梁悬索桥。建成时在已建桥梁中位列中国第一、世界第四。桥面宽33.8m，桥下通航净高50m。主塔高190m，由钢筋混凝土塔柱和三道横系梁组成。南锚碇为嵌岩重力式锚碇，北锚碇为重力式锚碇深埋沉井基础。主缆垂跨比为1/10.5，采用预制平行索股法（PWS法）施工。吊索为预制平行镀锌钢丝束股，短吊索为钢丝绳，吊索间距16m。主梁为扁平钢箱梁，中间梁高3.0m，梁宽36.9m，标准节段长16m。该桥于1999年9月建成通车。

该工程的主要新技术应用与科技创新：

1. 针对北锚碇基础采用置于软弱土层上的整体式大沉井，提出了锚碇水平位移和沉降的变位限值以及控制变位的措施；北锚超大沉井下沉中采用了不排水下沉，采用高压水冲结合潜水钻破土、真空吸泥相配合的方法提高了工效，后期采用空气幕助沉及纠偏，保证了沉井顺利下沉和准确就位；主缆施工在国内首次采用往复循环交替牵引系统，并采用基准丝股调索，加设鱼雷夹具控制扭转，保证了主缆施工进度和架设质量；

2. 在大桥建设前期和施工过程中，共组织了37项科研工作，其中多个项目经江苏省科技厅组织科技成果鉴定，达到了国内领先、国际先进水平：

（1）采用试验和理论分析相结合的多种研究方法和手段，解决了江阴大桥在施工和运营状态的抗风、抗震安全问题；

（2）通过试验、现场监测、数值反演分析与计算，研究并解决了特大沉井基础的施工难题；

（3）通过特大跨径悬索桥施工控制研究，建立了一套科学、有效的悬索桥施工与控制技术，为我国今后同类桥梁工程建设创造了成功经验；

3. 通过大桥交通工程收费系统、监控系统、结构检测系统等的研究，解决了大桥联网收费、交通安全控制管理问题，提高了大桥的管理水平。

江陰大橋

芜湖长江大桥

芜湖长江大桥为国家“九五”重点工程，是20世纪末我国在长江上修建的一座双层公铁两用桥。铁路桥全长10520.97m，公路桥全长5681.2m，其中公铁两用桥梁全长2668.4m，正桥钢梁长2193.7m，主跨312m，其跨度和建设规模均超过武汉、南京和九江大桥。该桥总体布置制约条件较多，上部结构受通航净空、既有铁路编组站和邻近机场飞行净空等严格限制，结合地质、水文等复杂条件，主航道采用(180+312+180)m矮塔斜拉桥，副航道采用四联基本跨度为144m的连续桁梁桥。主跨312m矮塔斜拉桥突破了我国铁路重载桥梁300m跨度大关，板桁组合结构矮塔斜拉桥跨度在相同荷载和类似结构中居世界第一。该桥于2000年9月建成通车。

该工程的主要新技术应用与科技创新：

1. 主跨钢梁最大跨径达312m，是目前国内公铁两用桥梁的最大跨度，所采用的钢桁梁斜拉桥在国内尚属首次；

2. 正桥钢梁采用了我国最新研制的低合金结构钢——14MnNbq钢，具有较好的综合性能，尤其是低温冲击韧性大幅度提高，代表了当前我国桥梁结构钢的最高水平，有着良好的社会经济效益；

3. 正桥钢梁采用厚板（最大板厚50mm）焊接全封闭整体节点、箱形截面。连接采用大直径（Φ30）高强度螺栓。多维复杂受力的整体节点采取厂制，提高了节点的整体性，确保了结构质量，简化了现场安装作业的难度和强度，达到了世界桥梁建造的先进水平；

4. 为适应铁路斜拉桥的需要，开发了250MPa高应力幅斜拉索；

5. 矮塔斜拉桥主跨跨中精确合拢，表明我国桥梁施工控制技术达到了国际领先水平；

6. 长江深水、厚覆盖砂层中，首次采用高桩承台大直径钻孔桩基础，拓宽了长江深水基础类型，工期短，投资省；

7. 正桥公路钢筋混凝土桥面板与钢桁梁结合共同受力，在架设钢梁的同时安装预制好的钢筋混凝土桥面板，并通过湿接缝和剪力钉与钢桁梁结合，是目前国内规模最大、跨度最大的板桁结合梁桥。

上海南浦大桥

南浦大桥位于上海市南码头，是市区内跨越黄浦江连接浦西老市区与浦东开发区的重要桥梁，是上海市内环线的重要组成部分，也是振兴上海开发浦东的起步工程。南浦大桥是上海市区第一座跨越黄浦江的大桥，落成于1991年11月19日。其中主桥全长846m，总宽度为30.35m。主桥为一跨过江的双塔双索面叠合梁结构斜拉桥，两岸各设一座150m高的“H”型钢筋混凝土主塔，桥塔两侧各以 22对钢索连接主梁索面，呈扇形分布。桥下可通行5万吨级巨轮。

南浦大桥自1988年12月5日开工，到1991年建成通车，仅仅用了3年时间。三年建造一座大跨度的南浦斜拉桥，其规模是宏大，工艺之严格，技术之复杂，施工难度之高，周期之短创世界建桥史上的奇迹。

主桥桥面用钢材与混凝土两种建筑材料叠合而成。桥面下一层用大型‘工字钢’制成框架，上一层是钢筋混凝土桥面板，钢框架与桥面板用电焊焊接，结合处再浇上混凝土，使两者联成一体。这种叠合组成的桥面和钢框架共同受力的新型结构，叫叠合梁结构。这在我国还是第一次采用，开了我国建桥史上的先河。

主桥桥面的钢框架共有438根钢梁，其中一根重80t，为全国之最；制作钢梁用的钢板，最厚的达80mm，其厚度在钢结构中又是一个全国之最。拼装钢框架用的10多万套高强度螺栓的直径达30mm。

大桥主桥桥面是用180根钢索‘吊’在桥塔上的。其中最粗的一根钢索是用265根直径7mm的高强度钢丝绞合而成，直径146mm，重21t，均为全国第一。它长达223m。180根钢索都是用千斤顶拉后固定在主塔上的，每个千斤顶的拉力达600t，也是全国之最。

南浦大桥的通航净空高度为46m，在我国桥梁中首屈一指。由于桥高，建桥时的作业面就更高，负责主桥桥面施工的上海市基础工程公司的干部、工人要在50m以上的高空作业，安装斜拉索则要上到110m以上才能操作。

南浦大桥于1988年12月15日动工，1991年12月1日建成通车。南浦大桥宛如一条昂首盘旋的巨龙横卧在黄浦江上，它使上海人圆了“一桥飞架黄浦江”的梦想。大桥造型刚劲挺拔、简洁轻盈，凌空飞架于浦江之上，景色壮丽。

南浦大桥

上海卢浦大桥

上海卢浦大桥主桥长750m，主跨跨径550m在建成时居世界第一，边跨跨径100m，矢跨比f/L = 1/5.5。采用全钢结构中承式系杆拱桥。主桥为双向六车道，两边各设2m宽的观光人行道。通航净宽340m，通航净高46m（含2m富余高度）。

卢浦大桥的钢拱肋宛如在黄浦江上划出一道漂亮的彩虹，边跨桥面通过立柱与拱肋形成稳定的三角形体系，中跨桥面通过56对吊杆悬挂在拱肋上。拱肋结构为双肋提篮式钢箱截面，箱宽5m，高度从跨中6m增加到拱脚的9m。桥面以上两片拱肋由25道一字形风撑连接，桥面以下由8道K型风撑连接。拱脚主墩采用Φ900打入式钢群桩基础。主桥加劲梁采用正交异性桥面板全焊钢箱梁，中跨钢箱为分离双箱，边跨为单箱多室。主梁高3.0m，宽度40m。中跨加劲梁的两端支承于中跨拱梁交汇处的横梁上，端支承为纵向滑动支座，横向和纵向设置阻尼限位装置。边跨加劲梁分别在中跨和边跨的拱梁交汇处与拱肋固接。主桥两边跨端横梁之间设置强大的水平拉索以平衡中跨拱肋的水平推力。全桥施工分为三个阶段：三角区拱、梁采用支架、悬臂施工法；中跨桥面以上拱肋采用斜拉扣挂法；中跨桥面采用悬索桥桥面加劲梁施工方法。该桥于2003年6月建成通车。

该工程的主要新技术应用与科技创新：

1. 拱、梁、立柱均采用箱型断面全焊接工艺，是目前世界上首座除合龙段接口一侧采用栓接外，其余现场接缝完全采用焊接工艺连接的特大型钢拱桥。设计制定的全焊钢拱桥的材料、加工、安装、焊接的技术标准和工艺要求等技术，填补了国内空白；

2. 采用中承式系杆拱桥形，全桥近2万吨的巨大的水平推力由16根水平拉索组成的系杆承担。每根水平拉索由421束ϕ7的高强钢丝组成，拉索长达761m，重达110t，远超过现代特大型斜拉桥的拉索。该水平拉索的设计、制造、安装等技术解决了在软土地基中建造特大跨度拱桥的难题；

3. 主拱为薄壁箱型结构，对于特大跨度拱桥的总体结构稳定分析需考虑其薄壁结构的特性和几何非线性的影响。总体稳定理论“一种非线性薄壁空间杆件及其稳定分析法”已申请发明专利，并成功编制了相应的计算软件；

4. 斜拉、悬索、拱桥三种成熟桥型的组合式施工方法及施工控制技术，为国内外第一次采用，确保了拱肋的安全合龙，成功地实现了将特大跨度结构由斜拉体系转换成拱桥体系；

5. 特大跨度拱桥设计施工关键技术研究达到了国内领先、国际先进水平，并拥有自主知识产权。

2003年6月28日正式建成通车，是黄浦江上第一座全钢结构拱桥，也是当今世界上跨度最大的钢拱桥，科技含量高，精度要求严，施工难度大。它标志着我国桥梁技术取得了重大突破，造桥水平跃上了一个新台阶。卢浦大桥犹如一道美丽的彩虹跨越浦江两岸，为上海市增添了新景观、新标志。这座大桥还创下了10个“世界之最”。

盧浦大橋

上海杨浦大桥

杨浦大桥位于上海市杨浦区宁国路地区，是市区内跨越黄浦江、连接浦西老市区与浦东开发区的重要桥梁，是上海市内环线的重要组成部分。该桥全长8354m，主桥全长1172m，跨经组合为（40m）（过渡孔）+（99m+144m）（边跨）+ 602m（主跨）+（144m+99m）（边跨）+（44m）（过渡孔）。主跨跨径602m在建成时为世界之最。桥下净高50m，桥面总宽30.35m，车行道约23m，两侧人行道各2m，设计荷载为汽－20（局部超－20），挂－120，设计车速60km/h。主桥为双塔空间双索面钢－混凝土结合梁斜拉桥结构，塔墩固结，纵向为悬浮体系，并在横向设置限位和抗震装置。钢筋混凝土塔柱高200m，塔形呈钻石状，采用钢管桩基础。钢主梁采用箱形断面，梁高2.7m，主梁中距25m，之间设有纵向间距为4.5m的工字形钢横梁。每座索塔两侧各有32对拉索，全桥共256根。最大索长330m，拉索最大断面由313根直径Φ7高强钢丝组成。上部结构为简支桥面连续体系，车道板采用预制钢筋混凝土板。辅助墩、锚墩、边墩均为柱式墩，采用了钢筋混凝土预制桩基础。该桥与1993年9月建成通车。

该工程的主要新技术应用与科技创新：

1. 提出新的结构稳定理论，解决了超大跨度桥梁的初始内力对活载的影响问题；

2. 采用钻石型桥塔，提高主梁抗扭自振频率，提高抗风稳定性，使抗风能力达80m/s；

3. 横断面设计为双主肋断面，以改善连接板设计，钢板厚度限制在60mm以下；

4. 索锚固在箱梁内，箱梁除承受顺桥向索力，还须承受横桥向索力；

5. 索与塔的锚固采用预应力方式锚固，并作了实物模型试验；

6. 根据景观需要，索套采用鹅黄色，在PE护套外再热挤2mmPV。

东海大桥

东海大桥是上海国际航运中心洋山深水港的重要配套工程，起于上海芦潮港老防汛大堤，向南跨越宽阔海面至大乌龟岛登陆，沿大乌龟岛、颗珠山岛至小洋山港区一期交接点，全长约31km。海上段共设4处通航孔，其中全长830m的主通航孔斜拉桥距芦潮岸新大堤约为16.5km，满足5000吨级船舶通航及部分万吨级船舶在一定水位条件下通航。主通航孔净空高度40m，采用单孔双向通航布置，通航净宽不小于321m，最终研究确定斜拉桥采用五跨连续布置，跨径组成为（73+132+420+132+73）m，全长830m。首次在斜拉桥上提出并采用了钢—混凝土箱型结合梁这种断面形式，丰富了斜拉桥的结构形式。首次采用了承台施工用钢围堰与防船撞设施一体化的消波力套箱，取得了显著的经济效益。

非通航孔桥工程量占整个跨海大桥海上段的绝大部分，达92%左右。水上工程量非常大，各种基桩数量约5500根，混凝土数量达数十万方。深水区非通航孔采用了157孔70m，179孔60m跨混凝土预制简支变连续体系，其预制规模、大型构件预制数量居世界第一，吊装重量、施工难度国内第一。

东海大桥工程地处杭州湾海域，常年气温较高，湿度大，季候风强烈，此处海域海水含盐度高，含氯度大，桥位处于出海口，涨落潮的干湿侵蚀效应、海洋大气的腐蚀环境，对大桥的使用寿命有极大的影响。工程结构采取高标准的防腐措施确保结构在设计使用寿命年限内的安全和满足正常使用功能。

东海大桥主航道桥作为我国第一座真正在外海建造的大跨度斜拉桥，其设计及工程实践也就具有了开拓性的意义。为满足东海大桥海洋环境、常遇重载车辆使用条件而提出的钢－混凝土箱形结合梁，丰富了斜拉桥的结构形式，为今后斜拉桥设计提供了新的思路。在研究中还解决了体外索压重，钢锚梁锚固，结合面耐久性，主塔墩防撞设施设计等一系列技术难题。通过团结协作、联合攻关，在设计、施工、装备等关键技术和系统管理方面取得重大创新成果。

东海大桥是当时世界最长、我国第一座外海超长桥梁，国内尚无经验可借鉴，规模巨大，施工区域海况地质环境复杂，施工条件异常恶劣。非通航孔桥大规模采用70m跨简支变连续体系，大型化、工厂化、预制化，充分发挥了海上大型机械的优势，缩短海上作业时间，保证了工程质量，节省了工程造价，减少了对水流等环境的影响。在研究中还解决了大型节段预制、吊装、海洋环境耐久性设计等一系列技术难题。本桥的实践将为今后的跨海大桥工程设计提供有益的经验。

东海大桥历时40个月优质高效建成，经验收考核，综合指标达到优良级，于2005年12月通车。与国际同类工程相比，工期缩短一半，投资节约60%，共申请专利23项（发明专利16项），已授权6项，形成了完整的一体化设计施工理念，开创了我国外海超长桥梁建设理论和实践先河，取得了显著经济和社会效益，有力推动了我国桥梁建设领域的科技进步，对经济建设和社会发展具有重大战略意义。本工程总体达到国际先进水平，其中蜂窝式自浮钢套箱和超大箱梁整体预制等达到国际领先水平。

东海大桥的建成揿开了中国特大型跨海桥梁建设的新篇章，开创了我国外海超长桥梁建设理论和实践先河，取得了显著经济和社会效益。本工程总体达到国际先进水平，其中蜂窝式自浮钢套箱和超大箱梁整体预制等达到国际领先水平。

武汉长江大桥

武汉长江大桥是新中国成立后修建的跨越长江天堑的第一座公铁两用桥梁，位于武汉市汉阳龟山和武昌蛇山之间。它将武汉三镇连为一体，贯通长江南北铁路公路，对我国的经济、文化和国防建设起着重要作用。

大桥全长1670m。正桥为公铁两用的钢桁梁桥，共8墩9孔，桥梁分上下两层，上层为18m宽的沥青路面的公路，下层为双线铁路，上下层两侧均有2.25m宽的人行道；桥下净空在最高通航水位以上18m；桥梁按当时最高标准设计，其中，铁路活载按中—24级设计，公路活载按六车道H—18级设计，人行道活载按每平方米300kg设计。

武汉长江大桥是我国第一个五年计划的重点建设工程之一，规模宏大，技术复杂，其建桥技术处于当时世界先进水平。工程从1950年开始收集资料、勘探桥址，1953年完成初步设计，1954年1月政务院第203次政务会议决定修建武汉长江大桥，1955年9月1日正式开工建设，1957年10月15日建成通车。

大桥在世界上首次采用“大型管柱钻孔法”修建“管柱基础”。“大型管柱钻孔法”的成功运用，打破了世界桥梁工程运用“气压沉箱法”修建基础的百年陈规，解决了桥址处水深流急、使用传统施工方法近乎不可能实施的困难，使深水墩台施工基本不受水位限制，加快了施工进度，整个工期比计划提前了15个月。

大桥钢梁采用3联平弦等跨连续铆接菱形钢桁梁，每联3孔，每孔跨度128m，为当时国内桥梁的最大跨度。钢梁采用标准化、机械化、工厂化制造工艺，由我国自行制造。钢梁应用悬臂法架设，既保证了架设质量和正常通航，又加快了施工进度。该法是首次在我国采用，为我国建造大跨度钢桥奠定了基础。

大桥外观建筑造型大方美观，富于民族特色。大桥充分利用两岸地形，在龟、蛇两山之间依势而建，与自然景观浑然一体。桥头堡雄伟壮丽、桥身美观挺拔、栏杆雕饰寓意丰富，展现了精美的工艺水平，体现了时代精神和民族风格。

大桥建成通车53年来，为国民经济发展提供了有力的运输保障。每天的汽车通行量已由建成初期的数千辆上升到近十万辆；每天的列车通过量已增加到148对，创造了巨大的经济效益。

据统计，半个世纪以来，大桥经历过无数次洪峰侵袭，遭遇过70余次船舶撞击，但整座大桥结构仍然完好。据专家检测论证：正常情况下，大桥使用寿命可达100年以上。

武汉长江大桥是新中国成立后在长江上建成的第一座桥梁。它贯通长江南北铁路公路，把武汉三镇连成一个整体，对武汉市乃至全国的经济、文化和国防建设都起着重要的作用。

武汉长江大桥的建成，是我国整个经济发展和技术水平明显提高的一个重要标志。在工程建设中，在世界上首次成功采用大型管柱钻孔法修建管柱基础，以替代当时世界上广泛运用的气压沉箱法，至今仍然是桥梁深水基础的主要施工方法之一。在国内首次采用悬臂法架设钢梁，建立了一整套架设工艺和安全质量要求，对我国架设大跨度钢梁具有普遍的指导意义。

武汉长江大桥的建成，实现了中国人“一桥飞架南北，天堑变通途”的梦想，激发和点燃了国人敢想敢干、用自己的双手向自然挑战、建设美好新家园的满腔热情，弘扬了民族志气，展示了新中国成立以来的重大建设成就。

武汉天兴洲长江大桥

武汉天兴洲长江大桥为国家“十五”重点建设项目，是世界上第一座按四线铁路修建的大跨度客货公铁两用斜拉桥，是京广铁路、京广高速铁路和武汉三环线的过江通道。它的建成对完善我国铁路网布局和缓解武汉市交通压力起到了重要作用。

大桥位于武汉市长江二桥下游 9.5km 处，上层为六车道公路，宽 27m，下层为四线铁路，其中两线为高速铁路。大桥正桥全长 4657.1m，其中公铁合建部分长 2842.1m，从青山岸到汉口岸方向孔跨布置为 15×40.7m 箱梁 +(98+196+504+196+98)m 双塔三索面钢桁梁斜拉桥＋ 62×40.7m 箱梁 +(54.2+2×80+54.2)m 混凝土连续箱梁 +4×40.7m 箱梁。

武汉天兴洲长江大桥体现了当今桥梁技术的领先水平，是代表我国桥梁建设新水平的标志性工程。大桥在建设过程中，开展了 15 项科研课题研究，创造了四项“世界第一”，形成了六大“自主创新技术”。

四项“世界第一”：斜拉桥主跨 504m，为世界公铁两用斜拉桥梁跨度第一；首次按四线铁路和六车道公路布置，可承受 2 万吨荷载，是世界上荷载最大的公铁两用桥；主桁宽 30m，为世界同类桥梁的最大宽度；高速铁路按每小时 250km 动力仿真设计，为世界同类桥梁的最高速度。

六大“自主创新技术”：一是主桥首次采用三主桁、三索面的新型结构形式，满足了公铁两用桥大跨度、大荷载的结构需要；二是首次采用钢、混凝土板桁组合结构体系，在主跨和部分次边跨的公路桥面用正交异形板与主桁结合，减轻了桥梁自重，在边跨的公路桥面用混凝土桥面板与主桁结合，解决了辅助墩在活载作用下的负反力问题；三是首次采用自主创新研制的磁流变阻尼器（MR）和大吨位液压阻力（STU）装置相结合的混合阻尼控制技术，解决了制动力和地震力传递及温度力释放等问题；四是钢梁采用桁段整体架设，打破了世界桁梁散拼架设的常规，提高了架梁效率，发展了世界钢桁梁架设技术工艺；五是巨型双壁钢围堰定位中首创锚墩预应力钢绞线精确定位工艺，实现了横截面尺寸 3200m 围堰水中定位精确度控制在 5cm 以内，形成了根据长江水位变化的带载升降施工技术，并获国家发明专利；六是采用自行研制且具有自主知识产权的 KTY4000 型 30 吨 · 米扭矩的动力头钻机用于主塔基础 3.4m 的大直径钻孔桩施工，并形成了深水大直径钻孔桩施工技术体系。

大桥在建设过程中，坚持节能环保的方针。大桥按四线铁路和六车道公路布置，节约了长江有限的桥位资源、保护了环境、节省了投资；水上实行全封闭施工，钻孔桩施工采用泥浆循环系统，钻渣外运定点排放，防止了对长江水体的污染；铁路铺设无缝轨道、噪声敏感点附近设置声屏障、特殊地段考虑景观设计等综合环境保护措施，实现了桥梁减震；公路桥面铺设环氧沥青，降低行车噪音，提高行车性能；桥上路灯使用了世界领先的智能监控系统，有效地节省能源；大桥主桥栏杆上 19 幅镂空图饰工艺精美，充分展现楚地人文景观。

大桥于 2004 年 9 月开工建设，2009 年 12 月建成通车。目前，大桥每天通过列车量达 46 对，极大地缓解了武汉枢纽过江通道能力，产生了巨大经济和社会效益。

武汉天兴洲长江大桥是国家铁路中长期发展规划四纵四横骨干路网的重要组成部分，对完善我国铁路网布局和缓解武汉市交通压力起到了重要作用。

建设者们在武汉天兴洲长江大桥建设过程中，牢记“向世界展示中国建桥水平”的历史使命，按照“高标准、讲科学、不懈怠、创造一流”的要求，顽强拼搏，挑战施工极限，攻克了一系列桥梁施工技术难题，形成了六大自主创新技术。该桥是一项科技领先、质量优良、环境友好的精品工程。

武汉天兴洲长江大桥是代表我国桥梁建设新水平的标志性工程，在中国桥梁建设史上具有里程碑意义。它的建成是中国铁路桥梁迈向大跨度的新起点，为打造中国桥梁世界级品牌，推动桥梁科技发展，向世界展示我国一流的建桥水平作出了新的贡献。

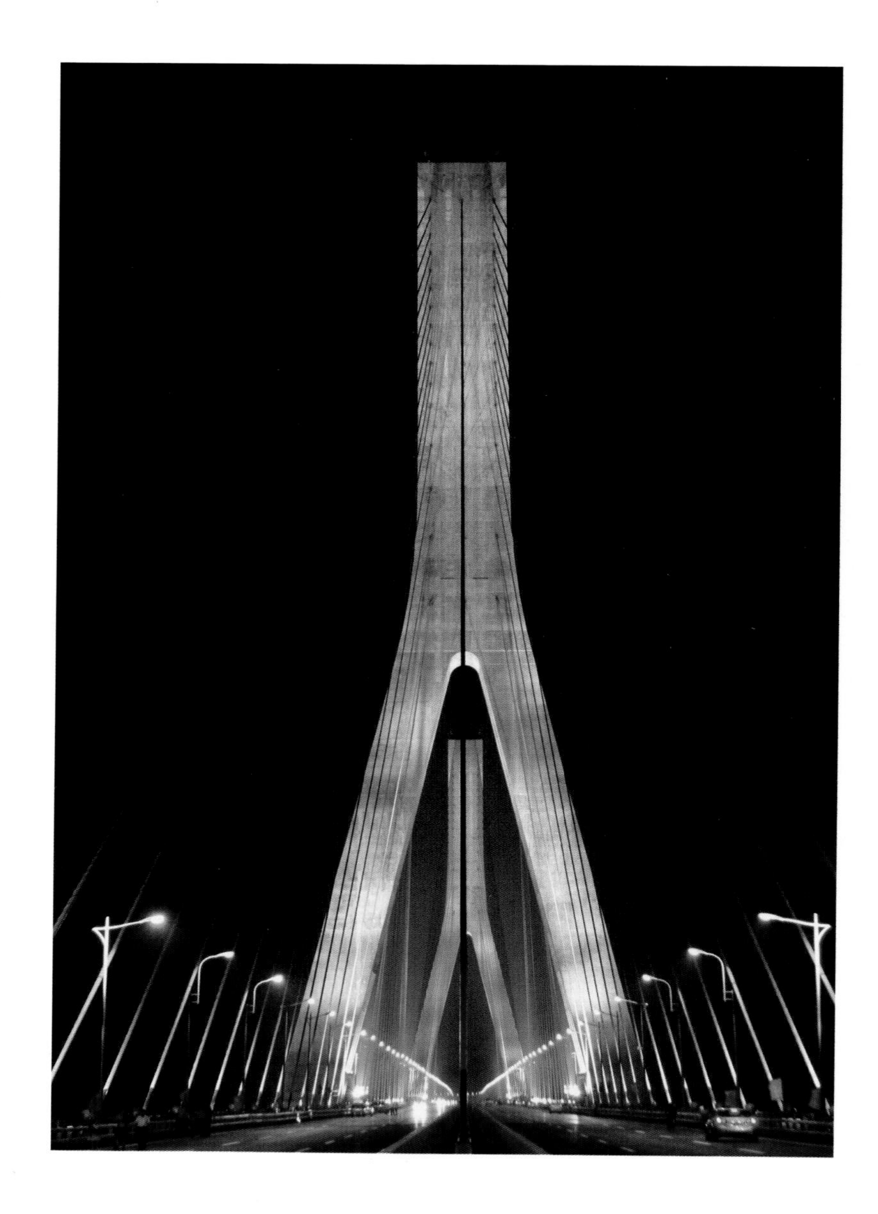

重庆菜园坝长江大桥

重庆菜园坝长江大桥是国内最大的公共交通和城市轻轨两用大桥，属特大公轨两用无推力刚构－系杆拱桥。大桥全长1866m，其中主桥长800m，北引桥长886m，南引桥长180m，主桥420m主跨居世界公轨两用系杆拱桥之首。主桥设计为两层，上层为双向六车道，下层为轻轨。主桥主体结构体系包括南北两侧的边跨预应力Y型刚构、中跨320m钢箱提篮拱和800m连续正交异形板组合钢桁梁等子结构，Y型刚构与钢箱拱通过系杆连接成420m跨的系杆拱，正交异性板连续钢桁梁将活载传递到刚构和拱结构之上，形成了多种结构体系的组合，该结构体系在国内系首次采用，结构受力复杂，体系转换频繁。

重庆菜园坝长江大桥正桥设六线行车道、双侧人行道（上层桥面），双线城市轻轨（下层桥面）。重庆菜园坝长江大桥主桥为公轨两用特大城市桥梁，时居世界同类桥梁之首。重庆菜园坝长江大桥主桥的实施有着该项目所特有的极为苛刻社会、经济与技术条件，其中主要的项目边界条件包括：420m拱桥一跨过江、公路与轨道交通同桥共建、都市核心区特大型梁建筑美学设计、项目造价与工期的限制。重庆菜园坝长江大桥主桥设计首创组合式刚构－系杆拱拱式桥梁结构体系。巧妙地将“钢”与“混凝土”建筑主材进行组合提高材料使用效率、又将预应力混凝土刚构与钢箱系杆拱组合提高结构跨越能力，再将正交异性板与钢桁架梁组合共同承受公轨荷载。这一组合式拱桥结构体系使安全、经济、美观这三个看似矛盾的理想追求得到了自然、同步、合一性的实现。重庆菜园坝长江大桥主桥的关键技术创新主要包括：组合式预应力混凝土“Y”型刚构－钢箱系杆拱拱式桥梁结构体系；组合式公轨交通正交异性板－钢桁架梁梁体结构体系；组合式公轨交通正交异性板－钢桁架梁的节段化设计、节段化运输、节段化施工的工业化技术；中跨－边跨分离系杆体系与刚构－系杆拱主体结构主动控制技术。

项目在特大公轨两用无推力系杆拱桥施工控制、公轨两用正交异性桥面钢桁梁整体节段的制造工艺、桁梁整体节段运输及工地拼接工艺技术、提篮钢箱主拱施工工艺、钢绞线系杆施工、防腐、换索工艺、重力吊装体系等方面取得了多项创新成果，形成的特大公轨两用无推力系杆拱桥的制造及施工综合技术。创新了同类桥梁构造设计理念与技术，拓展了拱桥设计内涵。在中国桥梁工程中具有里程碑意义。

富洲新城

重庆朝天门长江大桥

重庆朝天门长江大桥正桥主线长1741m，主桥采用(190+552+190)m三跨连续钢桁系杆拱桥，双层桥面布置，上层为双向六车道和两侧人行道，桥面总宽36m。下层中间为双线轻轨，两侧各预留一个汽车车行道。北引桥长314.0m，南引桥长495m。正桥工程设计概算16.8亿元（建安费），竣工决算15.6亿元（建安费），于2009年4月29日正式通车。

主桥为主跨552m的公轨两用飞燕式多肋钢桁架中承式拱桥，主桁结构中间支点采用支座支撑，使得拱桥复杂受力变为在外部为三跨连续梁受力体系，结构受力明确。大桥创造了两项世界第一：第一项是主跨552m为当今世界已建成的跨度最大的拱桥；第二项是主桥中支点支座采用了145000kN的球型抗震支座，是目前已建成世界同类桥型承载力最大的球型支座。其他主要创新点为：

1. 在大跨度钢结构中采用预应力复合结构体系，并首次在国内采用高强、厚板、变截面钢桁构件，首次在拱脚处采用超大型整体节点，使结构受力均匀合理。

2. 首次采用了先拱后梁、斜拉扣挂、边支座升降、中支点预偏、边跨压重等成套施工技术，实现了主拱和刚性系杆的无应力合龙。

3. 重庆朝天门长江大桥采用双层交通，形成了轨道交通与汽车的通道上下分离，互不干扰，为了保证轨道交通乘客过江时有较好的视觉感受和舒适性感，取消桁架斜腹杆。

4. 首次揭示了板桁温差规律，采用局部板桁结合，解决了不同截面形式构件之间的温差变形问题。

5. 攻克了高强度厚板，超长、超大变截面杆件制造，特大整体节点钢拱座制造难题。

6. 主桥墩首次采用箱隔式结构，解决了145000kN集中压力的问题。

7. 引桥采用H型桥墩和隐形盖梁，保证下层轨道交通净空，同时解决了上下层交通断面规划限制的问题。

济南黄河大桥

济南黄河大桥是当时国家公路主干线北京至上海公路与青岛至银川公路的交叉点，也是山东省会济南的北出口。桥梁全长2023.4m，主桥共长488m，跨径组合为(40+94+220+94+40)m，是我国第一座采用密索体系的预应力混凝土斜拉桥，也是我国突破200m跨径大关的第一批桥梁，建成当年主跨在同类型桥梁中列亚洲第一、世界第七。桥面宽19.5m，其中车道净宽15m。主桥采用密索、A型塔、五孔连续的悬浮体系。主塔高65.4m，为A型柱门式框架。索塔与桩基承台固结，钻孔基桩采用24根直径1.5m，桩长84m，嵌入风化岩层中。斜拉索由67～121根直径5mm的镀锌高强钢丝平行编制成束，由4～8束组成索，索的锚具采用自制冷铸墩头锚。主梁断面为闭口双室箱形，梁高2.75m，边跨部分底板加厚。2号和5号墩顶处浇筑成实心作为压重。主梁为三向预应力混凝土结构，大部分纵向预应力束施工均采用一端用墩头锚固定，另一端用F式锚作为张拉端，仅少数长束采用F式锚两端张拉。索塔采用万能杆件拼接的支架脚手，逐段现场浇筑。塔墩顶的主梁利用架设在塔墩承台上的扇形支架现场浇筑，主孔及边孔的主梁采用挂篮悬臂浇筑的方法施工，附孔部分采用临时支架现场浇筑。该桥于1982年7月建成通车。

该工程的主要新技术应用与科技创新：

1. 大桥采用密索、A型塔、五孔连续、悬浮体系，是我国20世纪70年代设计建造的预应力混凝土斜拉桥；

2. 利用当时较先进的计算手段，对比分析了二十余种方案，进一步判明了斜拉桥的主要影响因素，并根据当时国内的技术水平，因地制宜，采用了密索方案，各项技术经济指标在当时处于领先水平；

3. 设计中采用内力平衡法选择恒载内力，可使恒载内力在一定范围内变动，选定合适的初拉力，从而使控制截面能承担的内力与恒载、活载、徐变及其他影响产生的内力相平衡，得到较理想的内力，取得较好的经济效果；

4. 斜拉索的防护在当时尚未完善，但其冷铸墩头锚的研发与应用对日后斜拉索锚头的设计与开发有重要参考价值；

5. 施工中采用一次张拉，充分利用斜拉索张拉力调整斜拉桥内力与线型，严格控制梁重、高程、索力，为我国后续斜拉桥的设计与施工提供了宝贵经验。

厦门海沧大桥

厦门海沧大桥是经国家批准的“九五”重点基础设施项目，是厦门市第二条出岛通道，也是厦门大交通骨架的重要组成部分。厦门海沧大桥主线工程全长6319m，东航道主桥为我国首次采用的三跨连续钢箱梁悬索桥，总长1108m，主跨跨度648m。厦门海沧大桥1996年12月18日开工，2000年1月1日正式通车，总建设工期为36个月。

厦门海沧大桥是我国第一座特大型三跨连续钢箱梁悬索桥，其悬索结构在我国首次采用不设竖向塔支座的全漂浮连续结构，为世界上第二座采用此种结构的大型悬索桥。项目设计施工难度大，可供借鉴的资料和经验不多，经与国内外有关科研设计单位、高等院校合作，开展科技创新，技术攻关，解决了大体积混凝土的温度控制和防裂、深水大直径钻孔桩施工海水造浆、高塔爬模施工、缆载吊机、紧缆机与缠丝机“三大机”研制、悬索桥重大施工工序调整（把先完成桥面铺装、再进行主缆缠丝、涂装防护的传统工序改为先进行主缆缠丝、涂装防护，再进行桥面铺装）、钢箱梁线型监控、无索区梁段架设及坡度调控、小半径弯、坡、斜连续刚构桥施工监控、钢桥面上铺装双层SMA改性沥青混凝土等重大技术问题，确保工程质量和工期。特别是研究成功并采用的“先主缆缠丝、后铺装钢桥面”新技术系统地解决了计算方法和施工问题，是对近百年悬索桥传统施工技术的创新。该工程经交通部海沧大桥质量监督工程师办公室对海沧大桥工程质量检验评定，各分项工程合格率100%，各单位工程和分部工程优良率100%，实现了交通部领导提出的创“精品工程”的目标。

海滄大橋
海滄大橋
路桥建材
实力源于独到 服务基于匠心
TEL 6053063 6058869
门星鲨

番禺洛溪大桥

洛溪大桥是跨越广州港出海南航道的一座特大桥，桥梁全长1916.04m，主桥长480m，跨径布置为（65 + 125 + 180 + 110）m。1988年建成时位列当时同类桥型世界第六，亚洲第一。两岸引桥均为弯桥，引桥全长1436.04m，北引桥平曲线半径1000m，南引桥半径600m，桥面纵坡4%，采用跨径16m的普通钢筋混凝土T梁和跨径30m预应力混凝土T梁。洛溪大桥的建成是我国预应力桥梁建设的里程碑。

该工程的主要新技术应用与科技创新：

1. 实现了主桥要先进，引桥要经济的设计原则。选用不对称的连续结构，既方便施工、减少水中基础，又不破坏现有河堤，提高了航道利用率，使得整体上布局得当，外形美观大方，视野开阔。

2. 在国内首次采用双薄壁墩，提高了墩身的柔性，改善了主梁的受力性能。

3. 主墩上设有漏斗型钢围堰的人工防撞岛作为主墩的防撞设施。钢围堰设计采用二次碰撞原理设计，减少了钢围堰工程量，同时人工岛使下部桩基和承台施工变水中为水上施工，极大地改善了施工条件，加快了施工进度，这样构思独特的防撞岛结构也是国内首创。

4. 引进大吨位预应力体系和大型伸缩缝装置。使我国梁式桥跨越能力由最大跨径120m一跃发展到180m。

5. 高墩爬升模板利用墩身结构钢筋作为爬升支承是新的创造。该模板的利用使施工简易、快速、省工省料，加快施工进度，在国内也是第一次使用。

6. 采用先浇的第一层（底板）混凝土与贝雷托架形成两种材料的组合梁，共同承受后浇的腹板和顶板自重，从而达到托架简便、经济。这种施工方案为国内桥梁首次采用，经济效益很好。

安全第一 预防为主

贵州水柏铁路北盘江大桥

北盘江大桥是贵州水（城）柏（果）铁路上的“咽喉工程”，全长468.20m，桥跨布置为：3×24mPC简支梁+236m上承提篮式钢管混凝土拱+5×24mPC简支梁。该桥为我国第一座铁路钢管混凝土拱桥，主跨236m，是目前我国最大跨度铁路拱桥，也是目前世界上最大跨度铁路钢管混凝土拱桥和最大跨度单线铁路拱桥，填补了钢管混凝土和焊接管结构在我国铁路桥梁上应用的空白。

为解决北盘江大桥建设的技术难题，经铁道部批准专门设立了“铁路大跨度钢管混凝土拱桥新技术研究”重点科技攻关项目，科研工作贯穿于北盘江大桥设计和施工的全过程。大桥科技创新点主要有：为我国首座已建成的铁路钢管混凝土拱桥、钢管混凝土和焊接管结构均为我国铁路桥梁首次采用；主跨236m，是当前我国最大跨度的铁路拱桥，也是目前世界上最大跨度铁路钢管混凝土拱桥和最大跨度单线铁路拱桥；在世界铁路桥梁建设中，首次采用上承式提篮拱桥形；钢管拱桁架采用有平衡重单铰平转法施工，转体施工重量10400t，为当时世界单铰转体施工最大重量，实现了世界单铰转体施工重量由3600t到10400t的飞跃。

北盘江大桥于2001年11月完工，2002年4月进行了大桥的静、动载试验，通过大桥的静动载试验及多年运营表明：列车在大桥上运行平稳、安全舒适。北盘江大桥的建成为铁路大跨度桥梁设计与施工积累了一整套较为丰富的经验，对山区铁路跨越深山峡谷的大跨度桥梁建设具有重要的指导意义。

随着这一科研成果的示范与推广，铁路更大跨度的拱桥将会得到更多应用和推广。目前正在进行的滇藏铁路前期研究中，已有多个桥位应用该桥式方案。在一定条件下，桥梁应用转体施工是非常必要和适宜的。大吨位单铰转体设计与施工技术有着广泛的应用前景。本项目研制的球铰形式，在本桥应用约两年半后，还在北京五环路立交斜拉桥施工中得到应用。2003年1月经铁道部组织专家鉴定，北盘江大桥设计与施工整体技术达到世界领先水平。

钢管拱（仰拍）

悬崖上的大桥

香港青马大桥

青马大桥横跨青衣与马湾之间的海峡，连接香港大屿山国际机场与市区，是为国际机场而建的十大核心工程之一。桥梁全长2160m，主跨1377m，较长的边跨（长359m）为悬吊结构，较短的边跨（长300m）为非悬吊结构，主缆直径1100mm，建成时为世界最大跨度的公铁两用桥。加劲梁为钢桁与钢箱梁混合结构，横截面尺寸为41.0m×7.3m，建成时为世界最宽的悬索桥。上层桥面设有6条公路行车道，下层钢箱梁内通行铁路交通并设有2条台风时的应急车道，容许时速达135km的列车安全地通过。航空高度界限限制了桥塔的高度为206m，桥下通航净空为79m。大桥锚碇是两个大型的混凝土结构，青衣侧锚碇约重200,000t，马湾侧锚碇约重250,000t。主缆由直径5.38mm的镀锌高强钢丝组成，采用空中纺缆法架设。吊索由2φ76mm钢丝绳用特殊索箍固定在主缆上，吊索间距18m。主梁共分94个标准单元，每个单元长18m，宽41m，高7.6m。该桥于1997年5月建成通车。

该工程的主要新技术应用与科技创新：

1. 当今世界上最长的一条能兼容铁路和公路的悬索结构双层两用悬索桥；

2. 在项目论证、规划勘察、选线设计、施工控制放样等工程中使用了当时几乎世界最为先进的所有地球空间信息科学技术；

3. 首创采用不锈钢覆面，使桥身更具流线型；主梁中央开槽，确保结构的气动稳定性。流线型主梁设计与中央开槽结合运用属首次；

4. 在桥内安装了齐备的监测仪器，利用计算机分析监测结果，以观察及预测大桥及其构件的性能表现。

澳门西湾大桥

澳门西湾大桥是连接澳门半岛和氹仔岛的第三座大桥。澳门西湾大桥北起澳门半岛融和门，南至氹仔码头，采用“竖琴斜拉式”设计，两个主桥趸之间跨度达 180m。该桥总长 2200m，分上下两层：上层为双向 6 车道，下层箱式结构，双向 4 车道行车，可以在 8 级台风时保证正常交通，桥内还预留了铺设轻型铁轨的空间。为满足桥梁的通航需要，设计大桥时提出了采用主跨为 180m 的斜拉桥设计方案，是目前世界上双层混凝土桥梁的最大跨度。斜拉桥的两个主塔横向分布成 3 柱式联体结构，犹如两个巨大的“m”字母。面对大型自重混凝土桥梁不利于抗震的特点，特别为西湾大桥设计了超大型减震隔震橡胶支座，直径为 132cm，承载力 1300t，刷新世界纪录。西湾大桥设计、施工工程总造价为 5.6 亿澳门元，是澳门特区政府成立以来最大的投资项目，也是澳门新世纪兴建的标志性建筑。

澳门西湾大桥的设计、施工、装备、技术、监理全方位达到世界一流水平，一些独特的设计和先进技术的应用在世界上亦属首次。

为满足交通功能等复杂技术要求，该桥在总体设计上采取“预应力混凝土双层双主梁斜拉桥”结构形式，开国际同类型桥梁结构形式之先河。箱梁双层承载，上层即箱顶布置汽车道，下层即箱梁内布置轻轨和避台风的车道。主梁采用左右分离、并行的双主梁构造，与采用一个整体的大箱梁相比，可使结构受力简单明确。

澳门西湾大桥采用全空腹多向预应力混凝土箱梁构造，将原本属“巨无霸”级的单箱梁，通过巧妙设计构思分为左右对称的两个结构个体，堪称国际同类型桥梁设计的创新之作，西湾大桥的建设水平跨入了世界先进行列。

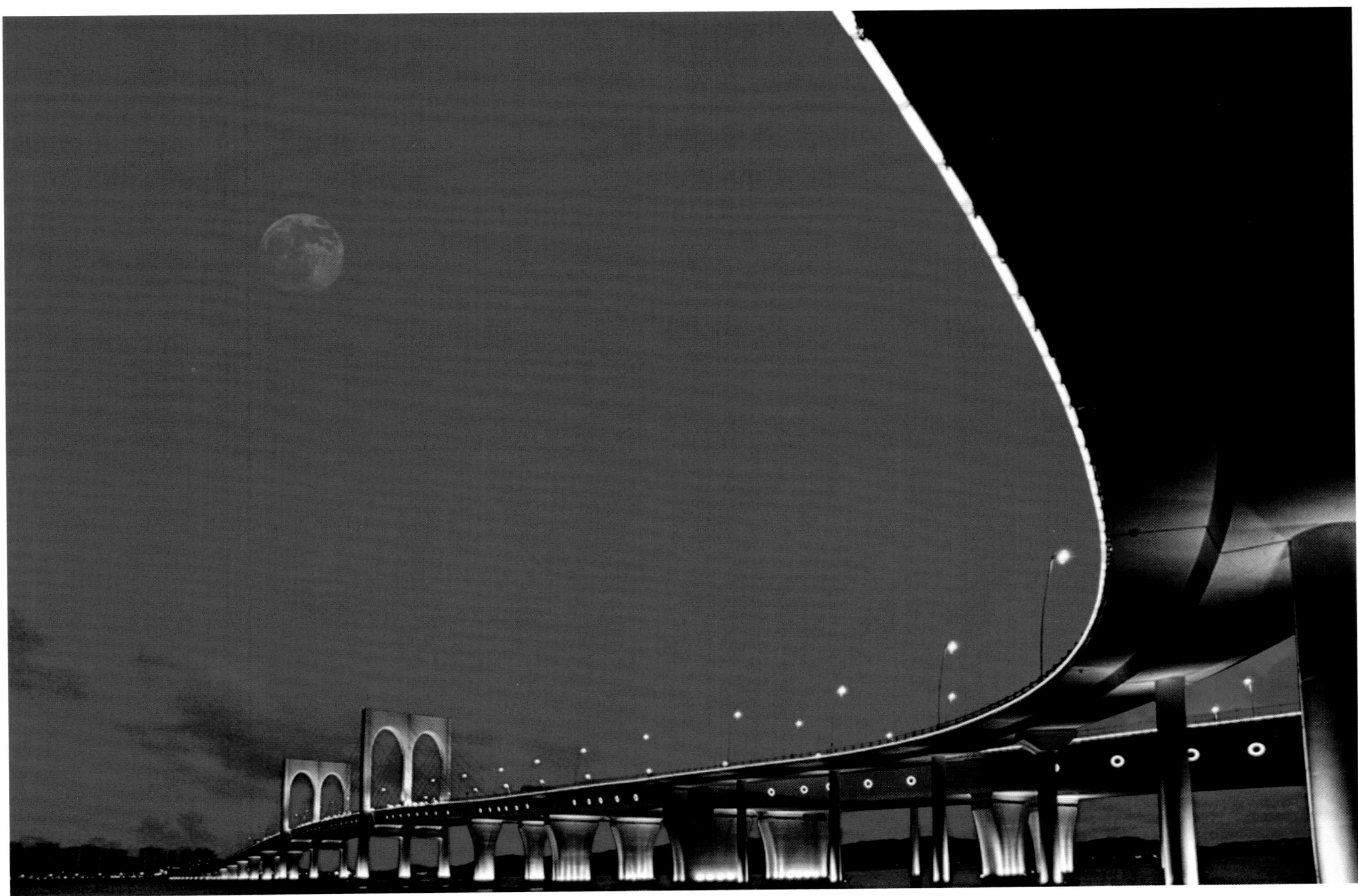

台湾高屏溪桥

台湾高屏溪桥位于台湾南部的南二高速公路跨越高屏溪处。该桥的结构形式为独塔中心索面混合梁斜拉桥。斜拉桥全长510m，梁宽34.5m，梁高3.2m，采用独塔非对称布置。全桥长2617m，其中主跨330m，在当今世界上同类桥型中排列第二。采用倒Y状桥塔，拉索均设置于顶柱上，共十四对，呈单面辐射状。主跨为钢梁，边跨为预力混凝土梁。采用节段拼装法施工，所有断面的联结采用全焊接方式。

该桥边跨预力混凝土箱形梁采用满堂支架法，支架在斜拉索张拉后拆除；主跨钢梁的制作，首先在钢构工厂裁切、接板，制成小组件焊接组合成大节块，再运送到工地现场钢构厂，与前后相邻节段完成试拼装；主跨钢梁分为十七个节段，利用在河床上搭设的工作平台运送到起吊地点；在边跨箱梁施工完成后，采用单向悬臂法利用重型起重设备，吊装主跨钢梁；吊装过程中由于边跨主梁早已完成，可以抵抗悬臂的倾覆弯矩，施工中桥塔不至于受到很大的不平衡力；主梁架设完毕后张拉斜拉索，其张拉顺序由桥塔向两侧对称进行。

该桥于1999年11月建成通车。

该工程的主要新技术应用与科技创新：

该桥跨越的河流属季节性河流，枯水期间水位极低。一般梁段无法采用驳船运输。为此采用新开发的“悬挂运输安装法”架设，这种施工方法对我国大西南和大西北跨越峡谷桥梁的架设具有借鉴作用。

出站口
EXIT
BEIJING
China!

3 建筑工程

- 人民大会堂
- 国家博物馆
- 北京火车站
- 北京饭店
- 国家体育场
- 国家游泳中心
- 国家大剧院
- 国家图书馆
- 中国国际贸易中心
- 上海印钞厂老回字形印钞工房
- 上海东方明珠广播电视塔
- 上海体育场
- 上海世博会主题馆
- 上海世博会世博中心
- 上海光源国家重大科学工程
- 广州中山纪念堂
- 广州新白云国际机场
- 中国进出口商品交易会琶洲展馆
- 广州亚运馆
- 深圳市深港西部通道口岸
- 深圳国际贸易中心大厦
- 济南奥林匹克体育中心
- 天津博物馆
- 天津奥林匹克中心体育场
- 武汉大学20世纪30年代的早期建筑群
- 武汉火车站
- 大庆炼油厂
- 陕西法门寺合十舍利塔
- 陕西历史博物馆
- 南京中山陵
- 香港新机场客运大楼
- 香港迪士尼乐园

人民大会堂

人民大会堂位于北京市中心天安门广场西侧，西长安街南侧。人民大会堂是中国全国人民代表大会开会的地方，是全国人民代表大会和全国人大常委会的办公场所。是党、国家和各人民团体举行政治活动的重要场所，也是中国国家领导人和人民群众举行政治、外交、文化活动的场所。人民大会堂坐西朝东，南北长336m，东西宽206m，高46.5m，占地面积15万m^2，建筑面积17.18万m^2。比故宫的全部建筑面积还要大。人民大会堂每年举行的全国人民代表大会、中国人民政治协商会议以及五年一届的中国共产党全国代表大会也在此召开。

人民大会堂的建设源于1959年中华人民共和国建国十周年纪念，中国共产党、中央人民政府、国务院决定兴建十大建筑，展现十年来的建设成就。这些建筑追求建筑艺术和城市规划、人文环境相协调。人民大会堂为建国10周年首都十大建筑之一，完全由中国工程技术人员自行设计、施工，1958年10月动工，1959年9月建成，仅用了10个多月的时间就建成了。创造了中国建筑史上的一大创举。人民大会堂集中了当时全国各地的建筑材料，建筑工人加班进行建设，仅仅用了10个月就完成了从设计图纸到从内到外所有装修及设备的安装调试。

人民大会堂壮观巍峨，建筑平面呈“山”字形，两翼略低，中部稍高，四面开门。外表为浅黄色花岗岩，上有黄绿相间的琉璃瓦屋檐，下有5m高的花岗岩基座，周围环列有134根高大的圆形廊柱。人民大会堂正门面对天安门广场，正门门额上镶嵌着中华人民共和国国徽，正门迎面有十二根浅灰色大理石门柱，正门柱直径2m，高25m。四面门前有5m高的花岗岩台阶。人民大会堂建筑风格庄严雄伟，壮丽典雅，富有民族特色，以及四周层次分明的建筑，构成了一幅天安门广场整体的庄严绚丽的图画。内部设施齐全，有声、光、温控制和自动消防报警、灭火等现代化设施。人民大会堂建筑主要由3部分组成：进门便是简洁典雅的中央大厅（只是门厅不设座位）。厅后是宽达76m、深60m的万人大会堂；大会场北翼是有五千个席位的大宴会厅；南翼是全国人大常务委员会办公楼。大会堂内还有以全国各省、市、自治区名称命名、富有地方特色的厅堂。

人民大会堂万人礼堂维修改造工程竣工文艺晚会

国家博物馆

中国国家博物馆位于天安门广场东侧，与人民大会堂遥相呼应。2003 年 2 月在原中国历史博物馆和中国革命博物馆两馆合并的基础上组建成立，隶属于中华人民共和国文化部，是以历史与艺术并重，集收藏、展览、研究、考古、公共教育、文化交流于一体的综合性国家博物馆。

中国历史博物馆的前身为 1912 年 7 月 9 日成立的“国立历史博物馆筹备处”。1949 年 10 月 1 日，在中华人民共和国成立的同日，更名为“国立北京历史博物馆”，1959 年更名为“中国历史博物馆”。中国革命博物馆的前身为 1950 年 3 月成立的国立革命博物馆筹备处。1960 年正式命名为“中国革命博物馆”。1959 年 8 月，位于北京天安门广场东侧的两馆大楼竣工，为建国十周年十大建筑之一。同年 10 月 1 日，在国庆十周年之际，开始对外开放。

中国国家博物馆坚持“以人为本”的建设发展理念，以“贴近实际、贴近生活、贴近群众”为原则。坚持“与我们这样一个大国地位相称，与中华民族悠久的历史和灿烂的文明相称，与蓬勃发展的社会主义现代化事业相称，与广大人民日益增长的精神文化需求相称”的建馆方向。以“国内领先、国际一流”为建馆目标。

中国国家博物馆是世界上建筑面积最大的博物馆，将会在保护国家文化遗产、展示祖国悠久历史、弘扬中华文明，进行爱国主义教育，开展对外文化交流，体现中华文化软实力等方面发挥积极而重要的作用。为适应构建公共文化服务体系和建设学习型社会的需要，将成为广大公众特别是青少年学习历史和文化知识、接受文明熏陶、进行终身学习的文化阵地和课堂。

2007 年 3 月至 2010 年底，中国国家博物馆进行了改扩建工程，馆舍总建筑面积 19.19 万 m^2，硬件设施和功能为世界一流。藏品数量为 100 余万件，展厅数量为 49 个，设有“古代中国”、“复兴之路”两个基本陈列，设有十余个各艺术门类的专题展览及国际交流展览。

与我国现有的博物馆相比较，国家博物馆还会带给观众不一样的变化，即能够得到非常高质量的，文化精神上的一种享受。在历史含量方面，文化底蕴方面也是如此。在风格上，国家博物馆将保持庄严、宏伟的建筑风格，高度概括、浓缩我们的发展历程。展览手段上，将不局限于故有的陈列方式，而是综合运用多种现代化展示方法，如大视屏，大屏幕，超薄电视等多媒体手段，尽量为观众还原历史氛围并增加展览的动感。

中国国家博物馆历经近百年的历史沿革，积淀了丰厚的博物馆文化的基础，为 20 世纪中国博物馆事业的建设和发展作出了重要的贡献，也在国内外公众中产生了广泛的影响。在 21 世纪，国家博物馆在国家推动社会主义文化大发展大繁荣的时代诉求中，获得了长足发展的历史契机，改扩建后的中国国家博物馆建筑面积有 19.19 万 m^2，于 2011 年 3 月 1 日竣工。在这一世界最大的博物馆内，世界一流的硬件设施和功能设置，将为公众提供高品位的历史和艺术类的展览以及其他文化休闲服务。不仅荟萃中华民族五千年的历史和文化艺术，见证中华民族百年的复兴之路，而且还有全方位和系列性的反映和表现世界文明成果的高品质展览。

中国国家博物馆是中国最大的综合性历史博物馆，馆内丰富的收藏和陈列，展现了中华民族祖先开创至今的五千年悠久灿烂的文明史诗。该馆文物收藏极为丰富，陈列展出十分精彩，研究宣传力量也相当雄厚，是进行爱国主义教育的重要课堂。

北京火车站

北京站位于北京市东城区东长安街以南，东临通惠河，西倚崇文门，南界为明代城墙遗址，建筑面积46700m²，总候车面积14000m²，设17个候车室，主体结构为钢筋混凝土框架结构，于1959年1月20日开工，9月10日竣工，9月15日开通运营。北京站主要承担京沪线、京秦线、京哈线、京承线、京包线等旅客运输任务，车站采用“上进下出”的客流组织设计，可满足14000名不同层次旅客同时候车的需要，建站至今已累计完成接发旅客30亿人次。北京站是我国第一座大规模、高技术、设备先进齐全的大型铁路旅客车站，是迎接建国十周年国庆大典工程之一。

北京站工程由北京铁路局出资兴建，北京工业建筑设计院、南京工学院负责设计，中铁建工集团有限公司（原铁道部直属工程处）负责施工，工程总概算为1946.9万元。

北京站工程建设创造了系列全国第一，首次使用国产自动扶梯，首次在钟塔大钟安装有与天文台核对时间的装置，首次在锅炉系统安装了国产水膜除尘环保设施，首次在候车大厅安装了空调设备，首次在全车站安装了电子问讯，半自动及自动播音装置，首次在行包、邮件运输中采用了四通道和专用通道，首次采用行车调度进路继电集中设备。

随着我国经济的快速发展和科学技术的不断提高，为满足日益增长的旅客数量和服务质量的需求，铁道部对北京站进行了一系列的技术改造和功能完善。对站台进行了延长和抬高，到发线扩建为15股道，在全路首次建成无站台柱雨棚79000m²及大型地下行包库20000m²。开行了直达列车和动车组列车。引进、开发和使用了中央空调、消防自动喷淋、客运引导揭示、客运多功能广播、电话电脑问询及电视监视监控、多媒体触摸查询、自动检票、自动售票、网站服务、平面无线灯显调车系统等科技新项目。

北京站的建成，在全世界引起极大关注，国际友人及世界主要媒体给予了高度评价，北京站与人民大会堂，中国人民革命军事博物馆等建筑，一起被列为50年代首都十大建筑之一。

北京站站舍造型庄重典雅，平面布置合理得当，功能设施齐全完善，工程质量坚固耐久、美观适用，工程质量、规模、设计特色、科技含量是50年代国内领先水平，是社会大众公认的经典建设工程，是具有历史里程碑的标志性建筑，伴随铁路建设的发展，北京站继续为国民经济的建设发挥着重大作用。

北京站

百年百项
Bainian Baixiang
108

北京站
BEIJING RAILWAY STATION
出站口
EXIT

北京饭店

北京饭店由西楼、中楼和东楼及新建新中楼、贵宾楼组成，工程总建筑面积为27万m^2。位于北京市东长安街33号，毗邻昔日皇宫紫禁城，漫步五分钟即可抵达天安门、人民大会堂、国家大剧院及其他历史文化景点，与繁华的王府井商业街仅咫尺之遥。整个建筑群集中西文化为一体，集现代与古建筑为一体，集工作、娱乐、休闲为一体，使北京饭店成为一个名副其实的五星级饭店。

1954年，新中国成立后第一次扩建在饭店西侧新建一座8层大楼，建筑面积2.6万m^2。第二次扩建于1973年，在饭店东侧扩建到22层高，建筑面积8.8万m^2。1988年顺应旅游业的迅速发展，与香港著名人士霍英东先生合作，在西楼西侧建贵宾楼。

1998年对北京饭店西楼、中楼和东楼改造及新中楼新建施工。北京饭店二期改扩建工程，使其成为一座五星级高档酒店，有许多重要的历史时刻出现在北京饭店这座100年老店的厅堂里，许多风云人物在这里留下足迹。古老又现代的北京饭店见证了新中国成立60多年的历史变迁与发展，成为历史的见证，国人的骄傲！

历次北京饭店改扩建中，均采用了大量先进的新技术、新工艺、新材料，代表了当时建筑施工的最高水平。施工速度令人称奇、工程质量经受检验，堪称建筑精品。

北京饭店接待了许多重要国宾和中外名人，使其在世界范围内具有重要影响。北京饭店被国际奥委会和北京奥组委确定为北京2008奥林匹克大家庭总部饭店，成为奥林匹克大家庭主要成员的驻地，以及国际奥委会的总部和指挥中心。

北京饭店规模的逐步扩大和设施的不断升级，折射了新中国不断向前发展的历史轨迹。融历史、人文、审美、现代科技于一身的五星级北京饭店足以成为新中国的重大经典工程代表。

整体南立面

东立面

新中楼阳光大厅

西楼大厅

中楼大厅

国家体育场

国家体育场工程位于奥林匹克公园中心区，占地面积 $20hm^2$，总建筑面积 $258000m^2$，由主体育场，室外热身场，室外基座，市政、园林绿化，硬质景观，体育工艺，开、闭幕式设施建筑群组成。体育场建筑造型呈椭圆的马鞍形，长 333m，宽 280m，外壳由 42000t 钢结构有序编织成“鸟巢”状独特的建筑造型；钢结构屋顶上层为 ETFE 膜，下层为 PTFE 膜声学吊顶；内部为三层预制混凝土碗状看台，看台下为地下 2 层、地上 7 层的混凝土框架－剪力墙结构，建筑物高 69m，工程总投资 28.9 亿元，是北京 2008 年第 29 届奥运会主会场，承担开闭幕式和田径比赛，可容纳观众 9.1 万人。

屋面安防索系统的成功研制凝聚了我国自主创新的精华，改变了我国该类产品依赖进口的历史。该项技术秉承“科技奥运”的宗旨，达到了奥运工程国产化的要求，体现了中国人的智慧和决心。

国家体育场工程于 2003 年 12 月 24 日开工，2008 年 6 月 12 日竣工，承载了历史上一届高水平、有特色，精美绝伦、无以伦比的第 29 届奥运会和第 13 届残奥会的开、闭幕式及全部田径比赛，受到了世界各国观众、运动员、官员、媒体及国际奥委会的高度评价和赞扬，顺利而圆满地完成了重要的关键使命。已成为宝贵的世界知名奥运历史文化遗产和北京市地标性建筑，是北京奥林匹克公园内刚劲雄宏，庄重美丽，粗犷博大、气势非凡的璀璨明珠。

开幕式夜景

鸟巢全景

Beijing 2008

鸟巢夜景

国家游泳中心

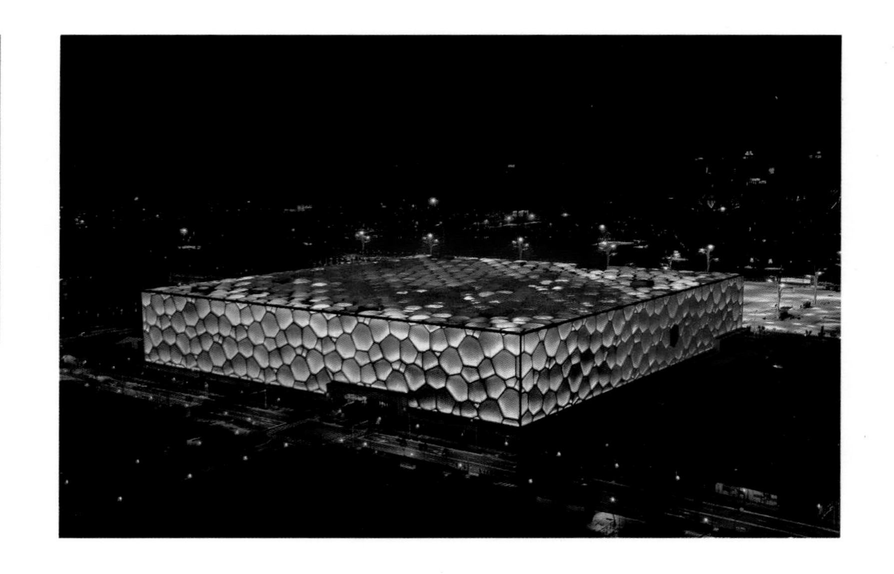

国家游泳中心工程位于北京奥林匹克公园B区，是2008年奥运会游泳、跳水、花样游泳、水球等项目的比赛场馆。国家游泳中心（水立方）以其简洁的形体和多彩的形象与国家体育场（鸟巢）和谐辉映，在国际设计竞赛中脱颖而出。水立方顺利建成，充分体现科技奥运、人文奥运、绿色奥运理念，为我国成功举办2008北京奥运作出了重大贡献。水立方已被世人誉为下一世纪梦幻建筑，成为中国和世界的宝贵文化景观旅游资源。

建筑总体布置为正方形，总平面尺寸约177m×177m，建筑面积87283m^2（赛时总面积79532m^2），其中地上五层，为29827m^2，地下两层，为57456m^2；地下深度约12m，地上高度约31m；主要由比赛厅、多功能馆和嬉水乐园三大部分组成。该建筑外墙体和屋面围护结构采用新型刚膜结构体系，该刚膜结构体系由一系列类似于水晶体的刚架单元和ETFE（聚乙烯－四氟乙烯共聚物）充气薄膜共同组成；观众看台和室内建筑物为钢筋混凝土结构。基础形式为桩基础－无梁抗水板，混凝土部分为框架－多筒体抗震墙结构，上部钢结构为新型延性多面体空间钢框架结构。

该工程多面体空间钢架作为大跨度水立方屋盖墙体唯一主体结构，世界首创；ETFE气枕为水立方屋盖、墙体内外表面唯一围护结构，为世界上规模最大的膜结构工程。该工程科技含量高，体现了特、精、新、难四个方面的特点，成为了北京乃至世界建筑史上的标志性建筑。

国家游泳中心工程是北京奥运会标志性建筑之一，在众多的奥运场馆中也是唯一一座由港澳台同胞和华侨华人捐资建设的奥运场馆，在场馆建设期间国家主席胡锦涛，总理温家宝等领导人亲临现场视察，国际奥委会主席罗格等相关主管官员多次到施工现场视察指导。

28届奥运会期间国家游泳馆“水立方”佳绩频传。各国游泳健儿在比赛中15次打破世界纪录，神奇的“水立方”也被人们冠以“魔方”的美誉。国际泳联执行主任考内尔　马库莱斯库这样评价国家游泳中心：“我们把这个场馆叫做游泳神殿，它规模巨大，而且富有动感。这个场馆很独特，是全世界绝无仅有的。夜幕下的国家游泳中心格外引人注目，颜色多变，就像一只变色龙”。创造泳坛奇迹的菲尔普斯在接受采访时曾经说过，当他在“水立方”的泳池内触壁转身时，通过透明的屋顶可以看到湛蓝的天空，他仿佛置身大自然之中，那种感觉非常棒，游得快理所应当。他在评价水立方时，甚至表示，这是他用过最棒的泳池，“水立方”无论是环境还是设施都是世界最好的。这样的评价出自美国顶尖运动员之口，足以让建设者们感到自豪。

国家游泳中心工程于2008年1月26日通过竣工验收，为2008年北京奥运会标志性建筑物之一。

国家游泳中心多面体钢架施工

国家游泳中心比赛大厅

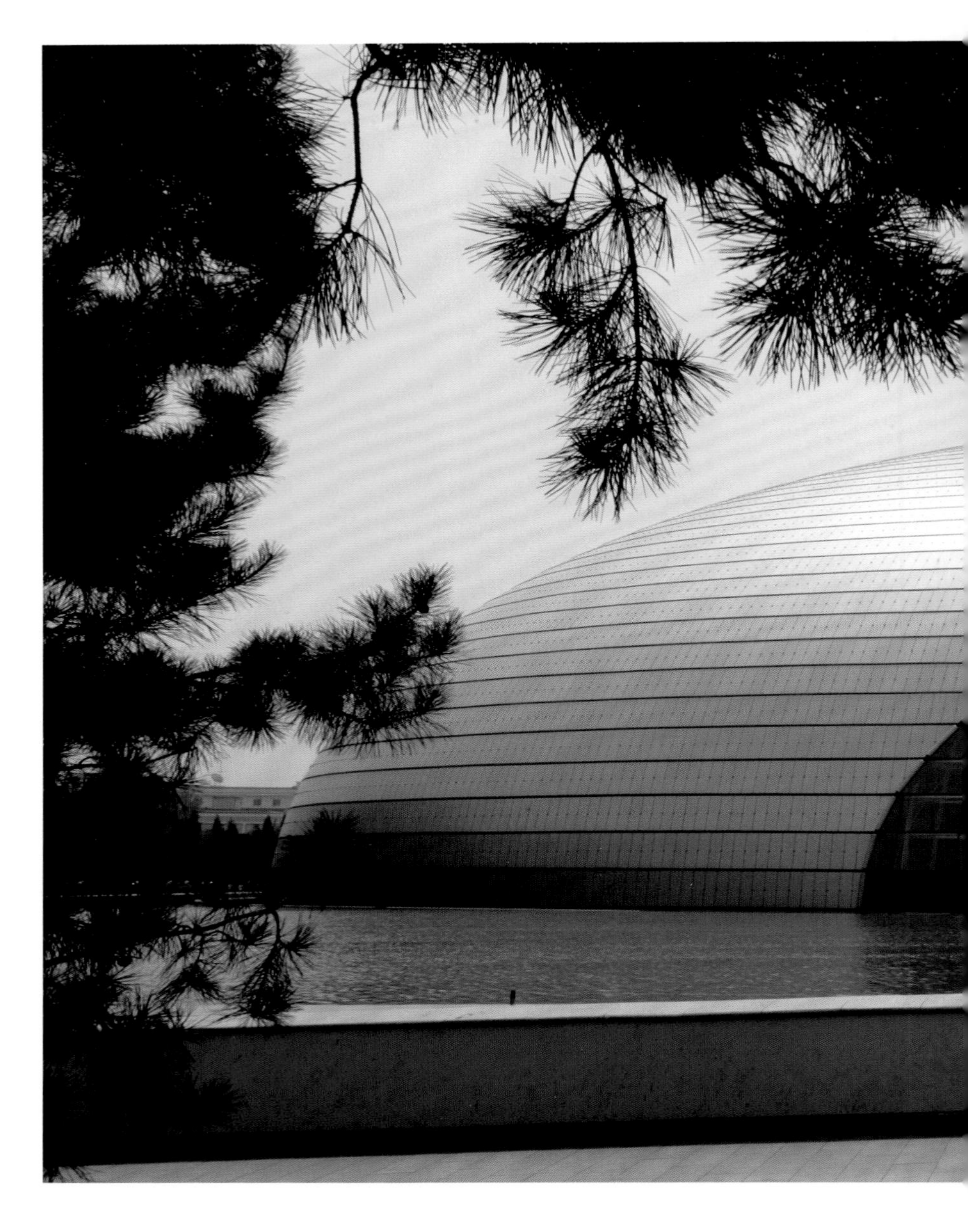

国家大剧院

国家大剧院位于北京市西城区西长安街，人大会堂西侧，总建筑面积 22 万 m^2，总投资额约 33 亿元。该工程是我国政府面向 21 世纪而投资兴建的大型文化设施，是我国最高艺术表演中心、世界一流水平的大型艺术殿堂、北京标志性建筑之一。

该工程总体规划设计融合了水、绿色空间和人性化建筑的三大主要元素，最大限度地保留出整片绿地，创造出宽敞开放的城市花园，促进了天安门西侧地区城市生态环境的改善。其独特的设计理念，超前的后现代外形，吸引着每一个路人的目光，受世人瞩目。

该工程地处首都中心地段，混凝土结构形式为框架—剪力墙结构，工程体量巨大，平、立面布置交错复杂、曲线墙体和大尺寸构件极多，结构柱多为劲型柱，三大剧场均有大跨度、高凌空的型钢—混凝土组合结构。

该工程以优美的造型、精良的质量，完善的功能，得到社会各界的高度赞扬。

首层大堂

国家大剧院东北侧立面

音乐厅

国家大剧院夜景

国家图书馆

国家图书馆一期工程（原北京图书馆新馆）总建筑面积160000m²，地上19层，并以高64m的书库为中心，周围设置2～6层的多幢建筑衬托。1983年11月18日开工，1987年6月30日竣工。由城乡环境保护部建筑设计院、中国建筑西北设计院进行设计，北京建工集团三建公司总承包施工。

国家图书馆二期工程（国家数字图书馆工程），建筑面积79899m²，檐高27.1m，分为主楼和车库两部分，其中主楼地上五层、地下三层，为框架剪力墙加巨型钢桁架结构；车库地下二层，为框架剪力墙结构。工程于2005年2月28日开工，2008年9月9日开馆。建筑方案是由德国KSP恩格尔与齐默尔曼建筑师事务所设计，施工图纸的设计工作由华东设计研究院完成。中铁建工集团有限公司总承包施工。

国家图书馆是我国的重点文化设施建设项目。一期、二期工程分别为国家“六五”计划和“十五”规划的重点项目。它的建成，是我国图书事业发展历史上的一件大事，让国家图书馆拥有了与之“我国图书馆事业的核心”、“国家总书库”地位相匹配的基础硬件设施。

从建筑规模看，一期藏书1600万册，二期有2900席阅览座位，60万册开架图书，为亚洲第一、世界第三大图书馆，同时也是世界最大的中文数字资源基地，国内最先进的网络服务基地。从使用功能看，国家图书馆日均接待读者能力可达1.5万人次，是好学者的知识海洋，是进行科学研究、学习交流的重要文化场所，在我国人民的文化生活以及对外文化交流中起到重要作用。

国家图书馆建筑设计风格独特。一期建筑充满民族风格，二期建筑则体现了未来感，是传统和现代融合的完美设计。工程建设中创造了大量的科技质量成果。

中庭

国家数字图书馆南侧立面

国家图书馆正立面

国家图书馆全貌

国家数字图书馆夜景

中国国际贸易中心

中国国际贸易中心是我国为扩大对外经济贸易往来，引进外资兴建的现代化大型综合建筑群体，其主要功能是为国外企业及个人提供办公、住宿、会议、购物、展览、娱乐等全套服务的场所。

中国国际贸易中心一期工程，由包括4栋高层和超高层建筑的13个单体工程组成，总建筑面积420000m^2。其中155m高的国贸大厦为钢结构，顶层设直升飞机停机坪；五星级的中国大饭店内设总统套房，含多种娱乐、健身和商业设施。该工程材料设备极其考究，装饰精致豪华，机电系统代表国际先进水平，是当时国内同类建筑中规模最大，设施最先进的综合性建筑群。施工中，开发应用引进消化的各类先进施工工艺和技术达116项。

中国国际贸易中心二期工程是一座多功能的现代化智能建筑，总建筑面积130000m^2。地下4层，地上39层。地下1层为商场区，分布着大型商场、专卖店等商业服务设施，与高层写字楼地下相连，又通过通道及自动扶梯与原国贸商场及国贸饭店相贯通，形成大型商场；地下2层设有一个面积为800m^{2}的四季真冰场以及射箭馆等服务娱乐设施；地下3层主要是商场、银行、设备机房、库房以及后勤区；地下3、4层为大型停车场及人防设施。地上1、2层为大堂、商务中心；3～37层为写字楼；屋顶为直升机停机坪。裙房（大堂）外墙采用花岗岩及大面积玻璃外墙，顶部设玻璃天窗，使大堂通透明亮，在植物的映衬下，充满现代气息。二期工程在机电设备等方面使用了国际最先进的“BACKBONE”办公楼宇通讯技术、既无公害又节约能源的HAVC中央空调系统，还引进了国内最先进的卫星电视接收系统、楼宇管理系统，保安监视系统等一大批软、硬件兼备的配套设施，各项性能与现代化程度均超过了甲级智能型写字楼的标准，成为北京21世纪新型写字楼的代表作。

中国国际贸易中心三期工程是一座集超五星级酒店、高档写字楼、国际精品商场、电影院、宴会厅、地下停车场为一体的多功能现代化智能建筑，主塔楼高度330m，建成后将成为北京市最高的建筑。本工程在结构、机电、幕墙、装修设计当中采用了大量的新技术、新工艺、新材料，例如深基坑支护设计、施工及监测技术、超长工程桩施工工艺、厚底板大体积混凝土施工技术、巨型组合结构施工、高抛免振捣自密实混凝土技术、超大异型组合式无机布防火卷帘施工技术、铝板玻璃幕墙、冰蓄冷空调等，其中部分技术和工艺属于在国内首次应用。该工程于2010年3月22日顺利通过四方竣工验收。

国贸一期、二期、三期工程一起构成110万m^{2}的建筑群，主塔楼高度330m，为北京市最高的建筑，成为全球最大的国际贸易中心。

国贸大厦一期、二期

国贸三期

上海印钞厂
老回字形印钞工房

上海印钞厂老回字形印钞工房易地迁建项目，位于上海市中心城区苏州河北侧，建筑面积46383m²，框架剪力墙四层、局部六层，建筑高度68.68m，抗震设防烈度为七度，本工程是国家大中型项目、2002年度上海市重大工业建设项目和上海市工业旅游重点项目，工程总造价为3.45亿元。

工程建筑造型新颖独特，具有强烈的时代特色。内部分别由一区，二区，三区组成。西侧一区是以直径8m天眼为中心的弧形框剪结构；中间二区按照回字形设计，包括八个大跨度印钞生产车间、一个高达33.5m的立体库和夹层参观走道组成；东侧三区为行政办公用房。另在配套广场安放一樽大型吉祥皮兽，体现印钞工业国际观光旅游特色。

印钞设备包括49台世界一流的大型印钞设备和8条生产流水线的安装，年设计生产能力为48亿张双凹票，印钞设备安装要求精度高，是目前国际印钞行业中最先进的生产技术项目之一，也是中国印钞行业唯一对国际开放的，展示中国精湛印钞技术和钱币文化的“窗口工程”。该工程知名度高，社会影响大，被列为上海市工业旅游重点项目，苏州河第六大景观工程。

上海东方明珠广播电视塔

"东方明珠"上海广播电视塔位于上海浦东陆家嘴黄浦江弯道处，是城市景观的交汇点。1988年开始设计，1995年竣工落成，建筑高度为468m，总建筑面积近70000m^2，集广播电视发射、旅游观光、购物餐饮、历史陈列等多种功能于一体，是公众喜爱的市民广场。

"东方明珠"上海广播电视塔具有鲜明的自主性、独特性、完美性、并产生了巨大的社会影响等四个方面的特点。

"东方明珠"是在改革开放初期完全由中国人自己设计、自己施工、自己经营取得了巨大成功的作品。建成时是亚洲第一、世界第三的高塔，使世界对我国设计能力和施工技术刮目相看，充分反映了我国建设者的聪明才智。建成后7年内回收了全部投资，它的效益在世界高塔中名列前茅。

"东方明珠"是"带斜撑的巨型空间框架、预应力钢筋混凝土"结构，它由三根9m直径的钢筋混凝土直筒体和三根7m直径与地面60度斜交的斜筒体以及其大主梁构成塔身。和常见的"单筒体加塔楼"的钢筋混凝土电视塔完全不同，独特的结构使之具有强烈的标志性。

"东方明珠"是中国文化、建筑艺术、结构技术三者高度统一的作品。塔上镶嵌的11个大小不等的圆球体和结构有机组合，塑造了"大珠小珠落玉盘"的诗情画意。充分体现了上海在我国乃至世界的地位和作用。带着斜撑的巨型空间框架超静定结构具有良好的抗震性能，在施工技术方面，也有很多创造。

"东方明珠"吹响了上海改革开放、开发浦东的进军号，使建设者受到巨大的鼓舞，建成后经15年的考验，已被国内外公众普遍认可，成为上海的重要地标，人们想到上海就会想到东方明珠，讲到东方明珠就想起了上海，对提升上海的地位起到了重要的作用。

SHARP
東航集團

上海体育场

上海体育场总建筑面积为17万m^2，工程总造价为17亿人民币，可容纳八万人。主体结构的平面投影呈椭圆形，东西宽288.4m，南北长274.4m，中间开东西宽150m，南北长213m的椭圆孔。屋盖檐口高度：西部为62.5m，东部为41.2m，南北部为31.8m。屋盖悬挑长度：西部为73.5m，东部为46m，南北部为22.9m。屋盖水平投影面积为37000m^2。上海体育场力求造型新颖，富有时代气息，是完美的建筑艺术与先进的建筑科学技术相结合的成果。

体育场的屋盖是一个由32榀径向桁架加四圈环向桁架组成的马鞍形环状大悬挑空间钢管结构。屋面层为57个8根拉索加竖向压杆组成的伞状结构，上面覆盖高技术材料（PTFE）膜层，为国内第一个大型膜结构。屋盖最大悬挑长度达73.5m，为世界之最。节点采用大直径钢管直接相贯焊接节点，主管最大直径达508mm，为国内首创。设计过程中进行了：1:150的刚性节段模型风洞试验；1:400的整体场地刚性模型风洞试验；1:150整体气弹性模型风洞试验；1:35的整体屋盖模型加载及破坏试验；11个1:1钢管相贯焊接节点实样荷载试验，这些试验研究均处世界领先水平。混凝土主体结构周长1150m，不设伸缩缝，通过设计与施工的紧密配合，完全达到了设计的要求。在钢结构屋盖的吊装中也采用了诸多新技术，技术新颖、效果显著。

上海体育场成功地举行了1997年第八届全运会的开幕式，现成为上海的标志性建筑之一。其建筑结构设计、计算、试验研究和施工技术总体上均达到国际领先水平。上海体育场结构宏伟壮观，无论其规模、造型乃至使用功能都可堪称国内一流，受到社会各界的好评，被公认为上海市的标志性建筑和旅游景观点。

上海富豪東亞酒店
GAL SHANGHAI EAST ASIA HOTEL

上海世博会主题馆

中国2010年上海世博会主题馆（以下简称主题馆）为2010年上海世博会永久保留建筑。世博会期间，主题馆将成为本届世博会“地球·城市·人”主题展示的核心展馆；世博会后，主题馆将转变为标准展览场馆，成为充满上海城市情怀和内在张力的“都市客厅”。主题馆构思源于城市与历史记忆，将城市肌理——“里弄片段”和传统空间——“大屋檐”作为两大设计主线，并结合功能，打造三大设计亮点：188m×144m双向巨跨无柱大空间；近6万m^2、发电量达2.8兆瓦的太阳能屋面；面积近6千m^2的东西立面垂直绿化墙面。另外，主题馆设计集成了高大公共空间气流组织和通风、大面积屋面雨水回收利用、超大型公共空间消防设计、能源计量管理系统设计等各项关键技术。在建筑空间造型上，这些特点集中体现在五个立面：屋面将太阳能板和雨水回收钢屋面结合，形成错落凹凸的城市肌理；南北立面挑檐和“人字柱”廊构成半室外灰空间，主立面幕墙造型采用双层幕墙体系：丝网印刷玻璃幕墙（内层）+不锈钢板外遮阳幕墙（外层）。外层不锈钢板上开方孔，其尺寸从下至上依次减小，从而形成从虚到实的渐变效果；不锈钢板表面选用了深压花打磨的肌理；东西立面引入“科技世博”、“生态世博”的概念将立面作为区域城市景观面“城市绿篱”来设计：以节日焰火庆典为形态特征的垂直绿化墙面。

主题馆是由中国自行设计和建造的具有完全自主知识产权的国际一流标准场馆，标志着中国在大型展览场馆设计和建造方面已达到国际先进水平，主题馆使用的建筑材料和设备的国产化率达95%以上。该工程在设计、施工、运营各环节都显示出了一流的先进水平，为世博会的顺利进行起到了至关重要的作用，主题馆以其生态亮点的集成、设计理念的巧妙、设计手法的纯熟和空间外形的精致以及结构设备的合理得到了社会各界的一致好评。

上海世博会世博中心

世博中心作为世博永久性场馆中最重要的场馆之一，在2010年世博会期间将承担庆典活动中心、指挥运营中心、新闻传播中心、招待宴请中心和论坛活动中心等五大核心功能；世博会后，将转型为国际一流会议中心。作为超大型公共建筑，本项目通过技术创新，完成了优质工程建设目标，贯彻执行了节能环保绿色施工政策方针，获得多项行业奖项，研究成果总体上达到国际先进水平，部分关键技术国际领先。世博中心于2010年2月通过工程竣工验收。

（1）针对面积近4.2万m^2的超大面积深基坑内地下障碍物较多并且存在多坑套叠的施工现状，根据基坑深度及环境特点，分别采用型钢水泥土搅拌墙、钢筋混凝土水平桁架支撑系统、钢管斜抛撑支撑系统、基坑内周边钻孔灌注桩挡土，周边底板拉锚等支撑形式，保证了基坑安全，加快了工程施工进度。

（2）针对本工程地下超长混凝土结构的施工，为避免出现有害裂缝的产生，采取了设置后浇带、施工缝的混凝土结构分块技术，低收缩低热混凝土配合比技术，抗裂钢筋配置、混凝土养护技术等综合性的技术措施来抵抗由于温差引起的温度应力和增加结构的抗裂度，以减少裂缝。

（3）针对本工程钢结构桁架跨度大、单榀重量超重、安装高度高、桁架构件截面高而窄、侧向刚度差的条件，采取在片状式大跨度钢桁架的顶面设置装拆式水平桁架加固，以此增大桁架侧向惯性矩，解决了单榀桁架整体提升时平面外失稳的问题。

（4）本工程施工过程采用了新型幕墙系统、防屈曲耗能支撑构件BRB、装饰装修用新型环保材料、新能源利用与水资源回收利用新技术等大量的节能环保的新技术、新工艺、新设备与新材料，着力将世博中心打造成一座科技含量高、环保节能效果突出的绿色建筑。

政务厅

南侧远距离全景

容纳 2600 人的大会堂

傍晚南立面全景

上海光源 国家重大科学工程

上海同步辐射光源工程（英文简称SSRF）是一台高性能价格比的中能第三代同步辐射装置，为我国的多学科前沿研究和高新技术开发应用提供了最先进的实验平台。上海光源是我国最大的科学工程，由中科院和上海市政府共同建议和建设，由中国科学院上海应用物理研究所承建。上海光源是多学科前沿研究和高新技术开发应用的大型综合平台，是我国创立国家知识创新体系的必不可少的国家级大科学装置。由主体建筑、动力设备用房和35kV变电站组成，总建筑面积43817 m^2。主体建筑为直径213m的圆形建筑，建筑面积为39048.6m^2，高18.54m。工程于2004年12月25日开工，2007年5月29日完工。

科学实验装置对建筑设计施工提出了特殊的要求，技术含量高，工程难度大。本项目通过技术创新，满足了工艺要求，为上海光源工程全面、按期、优质建成奠定了坚实的基础。建安工程得到了光源工程建设方及有关单位的一致肯定。经上海光源国际评审委员会评审，评审意见为光源工程建设达到国际一流水平。申请专利11项，其中发明专利7项。

光源工程的建设难度大，技术含量高：

1. 光束线稳定性对基础微变形提出了严格的控制要求，变形控制标准，建成后经第三方和业主现场实测储存环隧道和实验大厅基础工后不均匀沉降目前小于200μm /10m/ 年，满足工艺要求。

2. 对基础微振动控制标准：频率 f>1Hz的振动位移竖直方向：安静时段Dz <0.15μm（RMS），嘈杂时段Dz <0.3μm（RMS）。对地基微变形和微振动控制采取测量、数值模型分析、试验检测等手段指导工程实施，采取多项结构减振技术措施和对局部道路进行限制行驶等管理措施。现经业主和第三方多次测量，达到了工艺控制标准。

3. 作为辐射防护的屏蔽体，工艺要求隧道墙体不得有垂直墙面、宽度大于0.15mm的贯穿裂缝。实施时，研制了低水化热低收缩率的混凝土配合比和采用综合控制裂缝技术。在对完成后的工艺隧道墙多次实地查验，至今未发现裂缝，达到了预期的目的。

4. 上海光源同步辐射实验装置对室内温度、湿度有特殊要求，工艺设计要求实验大厅室内温度稳定度需达到 ±2℃。通过多方案的经济技术比选，选定了压型钢板上喷涂聚氨酯硬发泡的防水保温一体化屋面系统。工程建设完成后无渗漏，保证设备运行安全，满足工艺要求，在使用阶段能够较大的降低能耗。

5. 主体建筑"鹦鹉螺"状钢结构屋面属于超大型空间钢结构屋盖系统，屋面形状为不连续的多重曲面。针对本工程曲率多变的不规则单层网壳结构，通过多方案经济技术对比分析，采用地面分块拼装、高空分块吊装的方法，解决了构件双向弯曲加工、分块网壳吊装变形、高空多点同时对位和屋面双曲面蜂窝铝板精细加工安装等技术难题。实施后达到了原创性建筑设计效果。

工程自2008年4月投入试运行至今，已接待286家科研单位进行了各类科学实验。该装置的投入使用，填补了我国生命科学、材料科学、生物医药等众多领域的空白，为我国知识创新能力和综合科技实力作出了重大的贡献。

外立面航拍全景

外立面

实验大厅

广州中山纪念堂

广州中山纪念堂是全国及广东省重点文物保护单位，是广州人民和海外华侨为了纪念伟大的革命先行者孙中山先生而筹资兴建的纪念性建筑物，由我国著名建筑师吕彦直先生设计，1929年动工，1931完成。是省级文物保护单位中的大型近代纪念建筑，也是广州市优秀近代建筑物之一，是爱国主义重要教育基地，同时也是省、市召开大型重要政务会议及重要演出场所。

广州中山纪念堂是广州最具标志性的建筑物之一，又是广州市大型集会和演出的重要场所。它见证了广州的许多历史大事：1936年，广州市各界人士在此举行禁烟大游行；1945年9月，驻广州地区的日本侵略军在这里签字投降；新中国成立后，每年各种纪念孙中山先生的活动、省市的重要集会和文艺演出都在这里举行，如纪念毛泽东100周年诞辰、纪念红军长征60周年、纪念抗日战争胜利和世界反法西斯战争胜利50周年等。

纪念堂采用木桩基础，钢架和钢筋混凝土结构。八角形的大厅设计了30m跨的钢桁架，大屋顶由八排钢桁架结合为一个整体。四角墙壁为厚达50cm的钢筋混凝土的剪力墙，以期能负荷屋顶的全部重量。楼座以钢桁架悬臂挑出，楼板则用钢筋混凝土浇铸而成。屋顶则用一个可四人合抱的呈椭圆形的圆柱压顶。大厅跨度30m，内无一柱，体积达50000m^3，有5000个座位，空间高大、雄伟、宽敞，是当时中国最大的会堂建筑，也是将中国传统建筑形式用于大体量的会堂建筑的大胆而成功的作品。

经过1998年大维修整治后，中山纪念堂得到维护加固和完善，加强了对中山纪念堂的保护，并较好解决和消除了各种安全隐患，特别是排除了火险隐患，解决了一直以来困扰未解决的堂内声学、照明和舞台等功能上的缺陷。较好满足了中山纪念堂纪念、集会和演出功能要求，提供一个较完善、舒适的空间，使中山纪念堂重新焕发出新的活力，充分发挥社会主义爱国教育基地的作用，获得各界人士的一致好评、称赞。

夜景

正立面

观众厅

广州新白云国际机场

广州白云国际机场迁建工程是国家“十五”期间重点建设项目，是我国内地第一个按照中枢机场理念设计、建设和运营的国际机场，也是我国目前一次建设规模最大的机场。建设起点高、功能性强，妥善解决了空中交通管理与地面衔接、地面运行、工作区与飞行区配套、飞行区地基处理、大型桥梁设计、大空间航站楼建设等问题，在规划设计中采用了大型枢纽机场的设计理念，并坚持以人为本、可持续发展的理念。本工程总占地面积21848亩，建设总投资约196亿元人民币，是新中国民航史上一次性投资最大的基建项目。设计起止年月为1993年3月至2004年6月，验收时间2004年6月，建成投产时间2004年8月。设计概算198.7亿元，竣工决算198.7亿元。新机场密集的航线网络和强大的辐射能力将极大地促进广州及华南地区人流、物流的快速集散，对促进华南地区乃至全国的经济发展有十分重要的意义。新机场在珠江三角洲地区机场群中具有重要的核心地位，同时也在国内其他地区和国际航线的客、货运输中担任重要任务。

新白云机场在国内首次同时建设两条远距离跑道和相关的滑行道系统，并按两条独立运行的跑道进行飞行程序设计及相应导航设施设计。

机场建设了三条联结东西飞行区的垂直联络道及满足4E大型飞机运行的滑行道。1、3号滑行道桥总桥长92.9m，桥梁整体造型协调、美观；工程造价经济合理。此两座桥梁是我国目前跨径最大、长度最长、断面整体宽度最宽的滑行道桥。

航站楼由主楼、东连接楼、西连接楼和四条指廊组成，布置了很高比例的近机位，方便旅客。航站楼采用单主楼双向辐射形指廊式构形，其最大特点是出港流程和到港流程完全不在同一栋建筑内。此外，航站楼扩建时向北发展，不影响首期营运。这种构形在国内外机场中是独一无二的。

为城市轨道交通进入在主楼预留建设了地下车站，乘地铁来的出港旅客可上三层办票大厅，到达的旅客可从地下二层地铁站乘坐地铁前往市区，是国内唯一一个地铁站设在出港大厅下面的机场航站楼。

新机场场地为异常复杂的石灰岩岩溶发育地区，航站楼是中国目前在岩溶地区兴建的最大规模的民用建筑项目。采用了16m ~ 37m高的三管棱形钢格构人字柱，以及12m ~ 14m跨度的屋面无檩式箱形压型钢板，这两种结构技术都是首次在中国应用。

能源管理系统（EMS）在大型公共建筑中的全面应用，在国内尚属首次。创同类工程规模最大、应用最成功的先例，达到国内先进水平。应用领域：适用于大型建筑电力系统的集中管理，对大型建筑能源管理系统应用有借鉴意义。

旅客交运行李全自动及五级安检处理系统属国内首创，国际先进。设计了集中式和高自动化的行李处理系统以满足当前及未来发展的需要，系统属国内首创，国际领先。该系统可划分为出港、中转和到港三个操作区域，包括交运行李分拣、早到行李储存、中转行李、空筐储存的分派和到港等子系统。该系统对所有交运行李进行全自动化分拣，还具有拒识行李处理、问题行李处理、晚到行李处理、行李卸载和超大行李处理以及对特殊航班的行李处理和对问题行李进行五级安全检查等特殊处理功能。旅客能够在任何一个值机柜台办理任何一个航班的手续。

在航管楼设计中，结合空管管理体制的变化，采用了现代办公设计理念，实施大开间的办公格局。各专业在大的公共办公室内分区办公，打破了管制、气象、情报、通信等部门分割，条块分割的格局，提高了办公面积的利用率。

在航空公司的基地建设上，各种设施完备先进，特别是宽体机四机库机，设备先进，具有国际水平，是目前我国最大的机库。

首次采用与国际接轨的多项先进工艺流程，并且充分利用白云老机场的供油设施，更为经济合理。

为了节约水资源，新机场的污水处理上设计了中水设施，并在场区敷设了中水管网，这在我国机场建设上也是首次。在助航灯光、站坪照明与机务用电方面：广州新机场助航灯光在国内第一次按照无人值守的要求设计灯光站。此外，新机场还在国内率先设计了进近灯易碎杆、滑行道边反光标志棒。设计了最完善、先进、可靠的助航灯光计算机监控系统。首次设计了站坪照明计算机监控系统。

机场自2004年8月投产后效益非常明显，旅客吞吐量、货邮吞吐量、起降架次三大运输指标已超过或接近设计容量，各个系统安全运行，各驻场单位均反映良好。2009年旅客吞吐量达到3704.87万人次，货邮吞吐量95.52万t、飞机起降架次308863架次，其中年旅客吞吐量和年起降架次已经超过一期工程的设计目标年（2010年）的相应量（旅客吞吐量为2500万人次、货邮吞吐量为300万t、飞机年起降架次为170163架次），这说明新机场一期迁建工程自投产运营至今，已经很好地发挥了作用。

机场作为广东省乃至珠江三角洲的窗口，为广东省经济发展做出了卓越的贡献。机场设计充分体现了“资源节约型，环境友好型，人性化服务机场”的现代化设计理念。

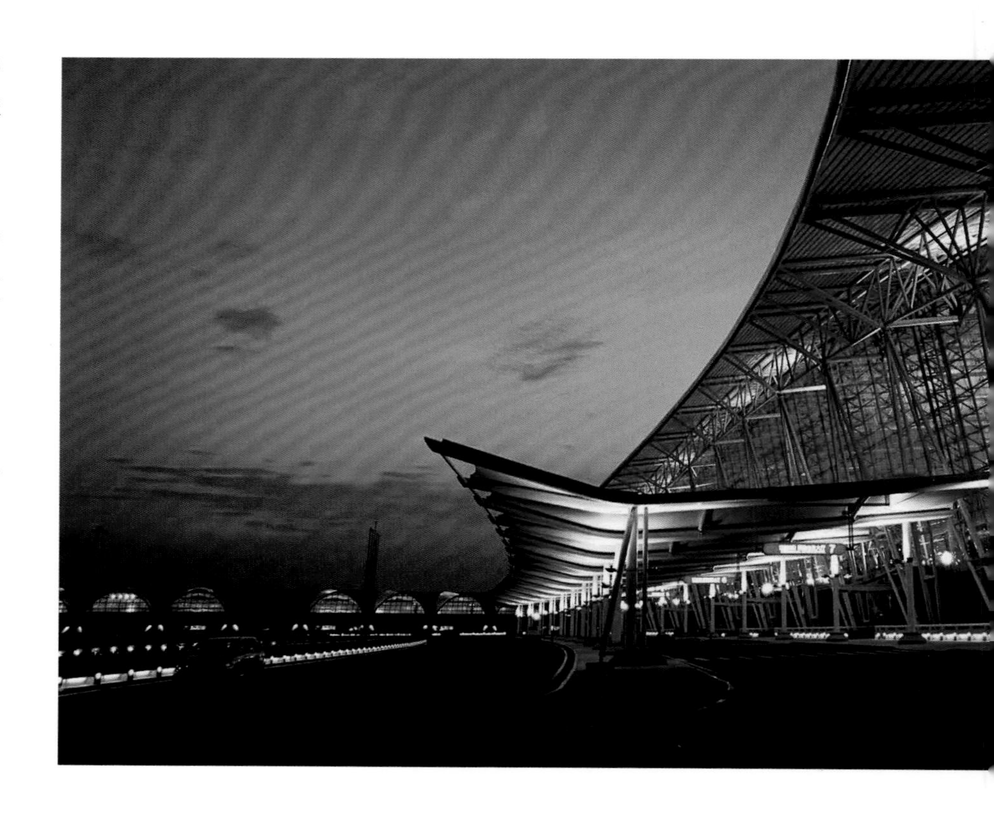

连接楼车道边外景

机场夜景鸟瞰

机场航站楼侧立面

机场鸟瞰图

中国进出口商品交易会琶洲展馆

中国进出口商品交易会琶洲展馆位于广州珠江之滨的琶洲地区，占地面积 80 万 m^2，建筑面积 115 万 m^2，建筑规模宏大，设有 37 个超大型展厅，以及办公室、会议室、贵宾厅等配套功能用房。琶洲展馆展览面积 110 万 m^2，是全球展览面积最大，具有国际重大影响力的世界级国际会议展览中心，是广州地区的标志性建筑。展馆共分三期建设，于 2001 年 7 月开工，分期建成后陆续投入使用，至 2009 年 7 月全部完工。

建筑造型独特，外形呈弧线及流线型，以“飘织和煦、珠江来风”的主题寓意“水天一色，鱼跃龙门”。工程具有高大、精细、技术先进、节能环保等特点：① 37 个展厅（单个面积均超过 1 万 m^2，最高达 23m）的超高钢管支模体系，用钢量达 20 万 t，规模庞大；②国内展厅最大跨度的超长多跨预应力连续梁和无粘结预应力次梁，最长达 122m；③用钢量达 3 万 t，单榀 126m（135t）的大跨度张弦式钢桁架采用国内领先的整体吊装及滑移；④国内最大规模的弧形屋面不锈钢金属板，面积达 20 万 m^2；⑤ 18 万 m^2 的玻璃幕墙采用点索式结构、低辐射中空玻璃及高强度防火玻璃；⑥国内最大的制冷机房，总制冷量达 5.4 万冷吨；⑦超大混凝土结构棱角方正，室内装饰做工精细；⑧ 22 万 m 电缆桥架规范美观，管线综合平衡；⑨建筑智能化自控系统、安防系统等均采用中央机房控制；⑩全面应用了建设部推广的 10 项新技术（47 小项），采用自然通风排烟系统、虹吸式雨水排放系统、杂用水系统等国内先进的节能环保新设备、新材料。

中国进出口商品交易会琶洲展馆是目前亚洲规模最大、设施最先进、档次最高的多功能、综合性、高标准的国际会议展览中心。工程设计新颖独特，技术先进，作为中国历史最长、规模最大的中国进出口商品交易会的主会场，已成功承办中国进出口商品交易会等近百项大型国际性盛会。

JSWB
JSWB2009
JSWB2009

广州亚运馆

广州亚运馆是为2010年第十六届亚运会在广州的举办而兴建的国家重点建设项目，也是本届亚运会唯一新建的主场馆。广州亚运馆原创性设计来自高水平的国际设计竞赛，由中国本土设计团队与多家国际顶尖设计团队激烈角逐后获胜产生，自从中国加入世贸开放设计市场以来，这是为数不多在国家重大建设项目的国际建筑设计竞赛中，由中国建筑师设计中标的案例。项目位于广州亚运城核心区，项目建设起点高，倡导绿色亚运、以人为本、可持续发展的设计理念，使用了多项行业领先的高新技术。本工程占地面积101086m²，总建筑面积65315m²，建设总投资约7.95亿元人民币。设计起止年月为2007年11月至2008年10月，竣工验收时间2010年8月，建成投入亚运比赛的时间为2010年11月。项目在投入运行之后受到社会各界的广泛关注和好评，是本届亚运会的标志性建筑，被誉为广州亚运第一馆。

工程主要设计特点如下：广州亚运馆具有创新的建筑设计理念和独特的空间体验；广州亚运馆提出创新的建筑设计理念，营造出独特的具有流动感的建筑效果，使建筑在高效使用的同时成为城市的艺术品，极大地彰显了广州亚运主场馆的标志性，提升了广州城市建设的国际形象；广州亚运馆展示了全新的与人互动的建筑体验，非线性变化的建筑造型与空间，在各个角度分别呈现出不断变化、形态各异又高度统一的独特的建筑造型，同时也极大地丰富了城市空间景观；广州亚运馆以全新的现代方式演绎传统建筑文化和场所精神，其创新的多种形态、层次丰富、连续流动的非均质灰空间，具有传统檐下空间相类似的空间感受；其流动的三维屋面曲线和多维异型变化的空间形态，轻灵飘逸，又有传统岭南建筑的神韵。

广州亚运馆使用的计算机三维模拟设计技术全国领先，包括钢结构系统、金属屋面板系统、玻璃幕墙及金属幕墙系统、室内装饰设计、复杂的曲面异型空间设计等均使用该技术完成。工程在国内首次使用445R铁素体高耐候性不锈钢金属屋面板系统，该系统具有超过50年的高耐候性，为双表皮系统，内层为180°直立锁边不锈钢排水板，饰面材料为445R铁素体高耐候性不锈钢板，该系统在高效解决复杂屋顶曲面的排水的同时，提供了完美的建筑造型。

广州亚运馆幕墙面积达到了15000m²，采用了多种幕墙形式，其中隐藏拉索式双曲面玻璃幕墙，具有创新的受力体系，在国内首创地把拉索式幕墙与结构系统在同一结构模型中作受力分析。

工程使用了国内新兴的技术和材料——清水混凝土，具有施工难度高、规模大、造型多样、高支模等特点，广州亚运馆的室内外立面外露部分的混凝土构件基本为现浇清水混凝土，浇筑的清水混凝土墙的面积达到了25000m²，最高的墙体高度达到了16m，而厚度仅为20cm，清水混凝土模板体系设计、配合比、混凝土的浇捣、养护、后期修补等控制均达到严格要求，完成效果受到较高评价。

广州亚运馆倡导绿色亚运及可持续利用设计理念，按照国家“绿色三星”标准进行设计，综合采用了多项节能新技术。

广州亚运馆提倡绿色亚运及可持续利用设计理念，针对壁球馆的使用功能，有针对性地采用回收塑料作为空心内模的空心楼板设计。不仅节省砼用量减轻结构自重，做到节能减排，还在隔音、隔热上很好地满足建筑的使用功能。

广州亚运馆节能率达60%，节能环保水平居于国内大型体育场馆建筑前列，为住房和城乡建设部2009年度国家绿色建筑与低能耗建筑的“双百”示范工程。各种环保节能新技术为场馆可持续利用奠定良好基础。

工程使用了创新的结构设计专利技术，全国领先。广州亚运馆的蒙皮技术是全国空间结构中首次采用的技术，它提高了单层网壳的抗震性能。采用了耗能式的大震设防基础，基础地震设防提高到大震设防。提出了一种可伸缩的凹凸钢节点变形装置，解决了大跨度超长金属屋面的温度及抗震问题。它可以较大幅度的提高结构的耗能能力，提高幅度可在30%～50%，是一种值得广泛采用的耗能装置。

本工程创造性地使用了结构设计的被动控制技术，即采用结构附加装置—TMD（调频质量阻尼器）对大悬挑结构端部及其内部螺旋坡道进行减振控制，在结构的适当位置安放TMD装置，达到耗能减震的目的。

针对亚运会比赛的高要求，广州亚运馆具有最高级别的供电保障。使用了行业领先的场地照明技术，使体操馆场地照明达到高清转播要求，并较好地解决了照度均匀度及眩光问题。具有领先的智能化水平和系统配置，设置了先进的信息系统（仅服务于亚运的计算机网络就设置了三套网络）、严谨的安全防范系统（设置了包括周界防范、入侵报警、视频监控、火灾自动报警、大空间火灾探测与灭火、智能疏散照明等系统），并通过建筑设备管理系统，对建筑物内电力、照明、制冷系统、空调通风系统、给排水系统、电梯、环境质量等进行自动监测或控制。确保设备运行于最佳工况、按需运行、节省能源，提高设备的管理效率。

10
10

深圳市深港西部通道口岸

深港西部通道工程由深圳湾公路大桥、口岸工程和接线工程三部分组成，本项目近邻米埔国际湿地及红树林国家级保护区的生态敏感地区，总投资约160多亿元，是目前世界上最大的公路口岸，也是首个实施一地两检的口岸。口岸总用地面积117.9327hm^2，其中深方管区占地面积为76.3673hm^2、港方管区占地面积为41.5654hm^2，总建筑面积为15.3万m^2。其中深港旅检大楼占地面积21641m^2，总建筑面积56677m^2，主体三层，地下局部一层，总高度23.42m，采用了巨型钢－砼组合框架结构类型。深港旅检大楼采用深港功能各自独立、形态融为一体的设计，具有高度统一性，并成为区域标志性的建筑；深圳湾公路大桥全长5545m，其中大桥深圳侧长度约为2040m，桥面为目前国内最宽(38.6m)，标准最高的公路大桥，按双向六车道高速公路标准建设，设计寿命120年；深圳侧接线是连接深圳湾口岸与沿江高速的主要通道，是国内最长的六车道城区内隧道，全长4.48km，其中3.09km为全封闭的下沉式开窗隧道。

深港西部通道是“十五”期间国家重点建设项目，是粤港之间最大型的跨界基础项目之一。深港西部通道由深圳湾大桥、深圳湾口岸和深圳侧接线组成。在长达十年之久的项目规划建设中，积累的大桥健康监测系统、合作设计方法、设计施工管理模式、现场协调机制、关键技术设计、节能环保设计等方面的经验，对于类似的大型公共建筑的建设以及合作设计项目具有一定的借鉴作用。特别是在深港两地加强融合，加快跨境基础设施建设，推动深港一体化共建国际大都会的大背景下，对其的研究与应用具有更加现实的意义。

工程创建了一国两制下大型口岸的一地两检模式。首次系统研究了不同体制下深港两地大型投资项目的可行性方案和项目决策机制；创造性地提出了跨境口岸一地两检模式并建立了系统的法律体系、实施框架、技术体系和发展模式。

工程采用了大型口岸的系统集成和系统管理技术，建立了一体化的大型口岸工程的空间（香港和内地）、功能（边防检查、海关查验、检验检疫等）、全寿命周期管理（跨境工程项目的决策、招投标、设计、施工及运营）和信息的综合集成系统。

工程系统比较了深港两地的环境质量标准，建立了深港一体化的环境保护标准，将环保理念贯穿于跨境工程的建设和营运之中；提出了大型跨境工程集线（侧接线）、岸（口岸）、桥（跨海大桥）为一体的环境管理模式和以浅海湾生态影响控制为核心的生态补偿技术；建立了基于环保优先的多目标决策的侧接线封闭式解决方案；通过监测验证了一体化生态环境管理的有效性。

工程提出了大型跨境工程的建设标准以及合作设计和施工管理模式；提出了考虑材料成分、微气候、外部环境类别、预期寿命和维护要求等因素的大型桥梁和大型隧道的耐久性评估方法和保障措施；进行了西部通道工程风险评估，指出了需重点控制的风险事件，并建立了西部通道的防灾救灾技术和桥梁健康监测系统；综合运用节能窗、转轮式全热回收装置、动态平衡电动调节阀和自适应空调运行模式等技术实现了建筑节能；揭示了淤泥土微观结构及变形特性，在大面积填海工程中成功实现了砂被成陆、爆破排淤、抛石挤淤、堆载预压、砂石桩及强夯置换等多种工法的综合处理。

深港西部通道口岸工程为国家进一步加强粤港澳口岸合作以及对今后口岸监管模式的简化和改革提供了有力的保障，进一步促进了内地与香港的交流与发展。

旅检大楼

旅检大楼港方入口

深圳国际贸易中心大厦

深圳国际贸易中心大厦坐落于深圳市罗湖商业中心区的嘉宾路与人民南路交汇点东北侧，占地2万m^2，本工程地下三层，地上五十三层，总建筑面积10万m^2，建筑总高度160m，结构形式采用钢筋混凝土筒中筒结构体系。

本工程1～4层主要为银行、商场、酒楼、发廊等，5～23层及25～43层为标准办公层，地下室、44～47层、50层为设备层，24层为避难层，48、49层为旋转餐厅。大厦内配备有先进的供配电系统、给排水系统、中央空调系统、楼宇自控系统、火灾自动报警系统、保安监控系统、电梯系统等，安装有各类设备1700多台，90%为进口设备。

大厦外墙为铝合金玻璃幕墙，外围及大堂设计精心、品味高雅、层次分明，楼内楼外茵茵绿草和盆景繁花映衬着大厦，中庭连廊参差的挑台和拱形顶与大厦相得益彰，1982年11月1日工程开工，于1985年底大厦投入使用。

深圳国贸中心大厦是我国建成最早的综合性超高层楼宇，素有“中华第一高楼”的美称，也是深圳接待国内外游客的重要景点。国贸大厦作为“深圳经济特区的窗口”和“中国改革开放的象征”，其施工过程创造了三天一层楼的“深圳速度”，是反应中国改革开放进程和“时间就是生命”的特区效率的真实写照。

SHENZHEN INTERNATIONAL TRADE MARKET
中房怡樂花園封頂展銷

济南奥林匹克体育中心

济南奥林匹克体育中心工程位于济南市经十东路龙洞地区，占地面积 $81hm^2$，总建筑面积 32.64 万 m^2，总投资 21.6 亿元。整体布局结合建筑场地特点及济南文化特色，西置体育场，东设体育馆、游泳馆、网球馆，四者通过中心平台有机相连，形成了“东荷西柳”的建筑景观，使之成为集体育比赛、公共健身、文艺表演、休闲娱乐、商务展销于一体的大型活动场所。是济南市最具标志性的建筑之一。它的建成，对推动济南市体育文化事业及经济发展，对于山东打造“体育大省、文化大省”具有重要的意义。工程于 2006 年 5 月 28 日开工，2009 年 4 月 20 日竣工移交。

济南奥林匹克体育中心竣工投入使用以来，已先后成功举办了第十一届全运会体操预选赛及全国体操锦标赛、全运会网球测试赛、山东省跳水冠军赛及十一届全运会跳水测试赛等各项赛事，“欢乐中国行”、“同一首歌”等大型文艺演出，并在 2009 年 10 月 16 日至 28 日举行的第十一届全运会的开、闭幕式及全过程比赛中，获得圆满成功。目前各项工程结构安全可靠、观感质量好、功能系统运行良好，业主非常满意。

天津博物馆

天津博物馆位于天津市河西区友谊路和乐园道交汇处，毗邻天津大礼堂、天津国际展览中心、水晶宫饭店、银河广场等，是天津市政治文化中心区的标志性建筑。

天津博物馆是一个仿生建筑物，外形取自于展翅飞翔的天鹅造型，占地 50000m^2，建筑面积约 35000m^2，建筑共三层，结构主体总高度 33.3m。结构体系为三层混凝土结构支承的钢结构体系。混凝土结构采用框架—剪力墙结构，高 13.7m，其中首层层高 5m，二层 8.7m；柱网：首层 7×7m，二层 14×14m、7×14m。三层部分为大柱网、钢管柱支承的钢结构屋盖网壳。整体建筑钢结构部分包括屋顶网壳、幕墙结构和天鹅颈三部分。屋顶为双层网壳结构，跨度 186m，节点形式为螺栓球节点。厚度为 2m，网格尺寸为 2.5m ~ 4.1m。玻璃幕墙分为两部分：与天鹅颈部相连的中央幕墙及两端的侧幕墙。天鹅颈部是由 10 根箱梁构成。基础采用桩—承台基础，埋深为 21m。该建筑为乙类建筑，故抗震设防烈度为 7 度，按 8 度采取抗震构造措施。结构构件的抗震等级：剪力墙为二级，框架为三级。地基场地类别：Ⅲ类。

天津博物馆工程在主体完工之后便被评为天津市新十佳景点之一。随之成为杂志、诗歌、书画以及邮票、明信片中天津市的标志性建筑景观。主体工程被评为“天津市样板工程”。

博物馆的建成不仅提高了天津建筑的水平和品位，也提高了天津在世界上的地位。博物馆丰富的馆藏及数次展览，吸引了大量游客前来参观，为天津增添一份独特的文化气息。同时全国各地建筑结构专业的学生、专家乃至外国学者也成批来天津博物馆进行参观、学习。

天津奥林匹克中心体育场

天津奥林匹克中心体育场坐落在天津市区西南部，距市中心约6km，四周皆邻城市主要干道，有良好的外部交通环境。这座拥有6万个坐席的体育场在北京2008奥运会期间的主要用途为足球赛场，奥运会后的用途为国际标准的综合性比赛场，除了满足足球比赛之外还能满足田径比赛的要求。

天津自古就有“津沽”、“沽水”、“沽上”的别称，海河在城中蜿蜒流淌，大海在不远处潮起潮落，“水”孕育了天津独特的地域文化特色，塑造着天津优美的城市景观，我们也因此取“水”作为设计理念的核心，围绕“生命之源——水”的主题展开设计。

首先在总体规划中环绕体育场四周设置了大面积的人工水池，使建筑宛如立在水面中央，构成了一座非常独特的水上体育场。在单体设计中更是模拟水滴的形状，将建筑尽量做得流畅圆润，富于张力，体育场、游泳馆和现状体育馆犹如三颗晶莹的水滴，以不同的姿态点缀在水面之上。

这组“水滴”建筑中最重要的部分是奥林匹克中心体育场，它南北长380m，东西长270m，建筑面积约15.8万m^2，高度53m。

本体育场在1层设置包括运动员、裁判、记者、竞赛管理等在内的竞赛用房，2层以上设观众区，观众的进退场全部在2层完成，与运动员等人的流线完全分离，可以确保比赛时的安全管理。6万人的看台为上下双层看台，中间夹着包厢与贵宾层，配备贵宾专用出入口和楼电梯，与普通观众的流线分开。同时在观众区设置充足合理的厕卫，以方便观众在赛时集中使用。

体育场最具特色的“水滴”形大屋盖以南北轴为对称轴，东西两侧对称，北端向外拉伸，形成一个椭圆形的半球体，在入口处还局部向上抬升。这一复杂巨大的空间曲面的下方是单侧平行弦桁架系统，92根主桁架下端入地，上端分开，呈V字形对接，其余部分再由环形檩条相连，以加强整体的刚度。建筑内圈支撑看台和屋顶的钢柱在顶端也分成V字，造型轻盈跃动，站在2层平台向上望去，连续的V字形结构产生出微妙变化的韵律，带给人上升之势，全然没有压抑和沉重之感，这无形中也提高了观众对于比赛的期待之情。

为了营造“水滴”的明亮圆润效果，体育场的皮肤——屋面被分成三部分，从上到下依次为阳光板、金属屋面和曲面玻璃幕墙，柔和的屋顶曲面就如同可呼吸的皮肤，能适应四季环境的变化，调节光、热、风的影响，创造理想的竞技环境。上部的阳光板采用幅宽4m的加厚板材，透光率高，安全抗爆性能较好，又比较经济。中部的金属屋面采用三重构造的铝合金蜂窝板，表面加浅灰色氟炭喷涂，自洁性和耐久性都相对较好。屋面下部的曲面玻璃幕墙由4960块透明钢化玻璃组成，每块玻璃的形状都不规则，尺寸也各不相同，只能借助三维绘图软件加以分割。这些玻璃由点式幕墙构件固定在横向檩条上，为了达到光滑的效果，固定点的高度还需要通过构件伸缩进行调整，设计和施工难度都相当大。

作为半室外的体育设施，体育场在四季气候的变化中，需要有效控制遮光、隔热、通风和降噪效果，以维持理想的竞技环境。对此我们采取了一系列的措施，如在玻璃幕墙表面采用丝网印刷，可以有效遮挡强烈阳光对二层平台内的直射，降低室内能源消耗。同时，通过宽大的开敞式入口、各看台出入口以及包厢层局部打开的走廊，可以实现良好的自然通风。体育场的金属屋面内还铺设一层玻璃棉，既起到了一定的隔热效果，同时又可以吸收声音在二层平台内的反射，降低大空间内的噪声。

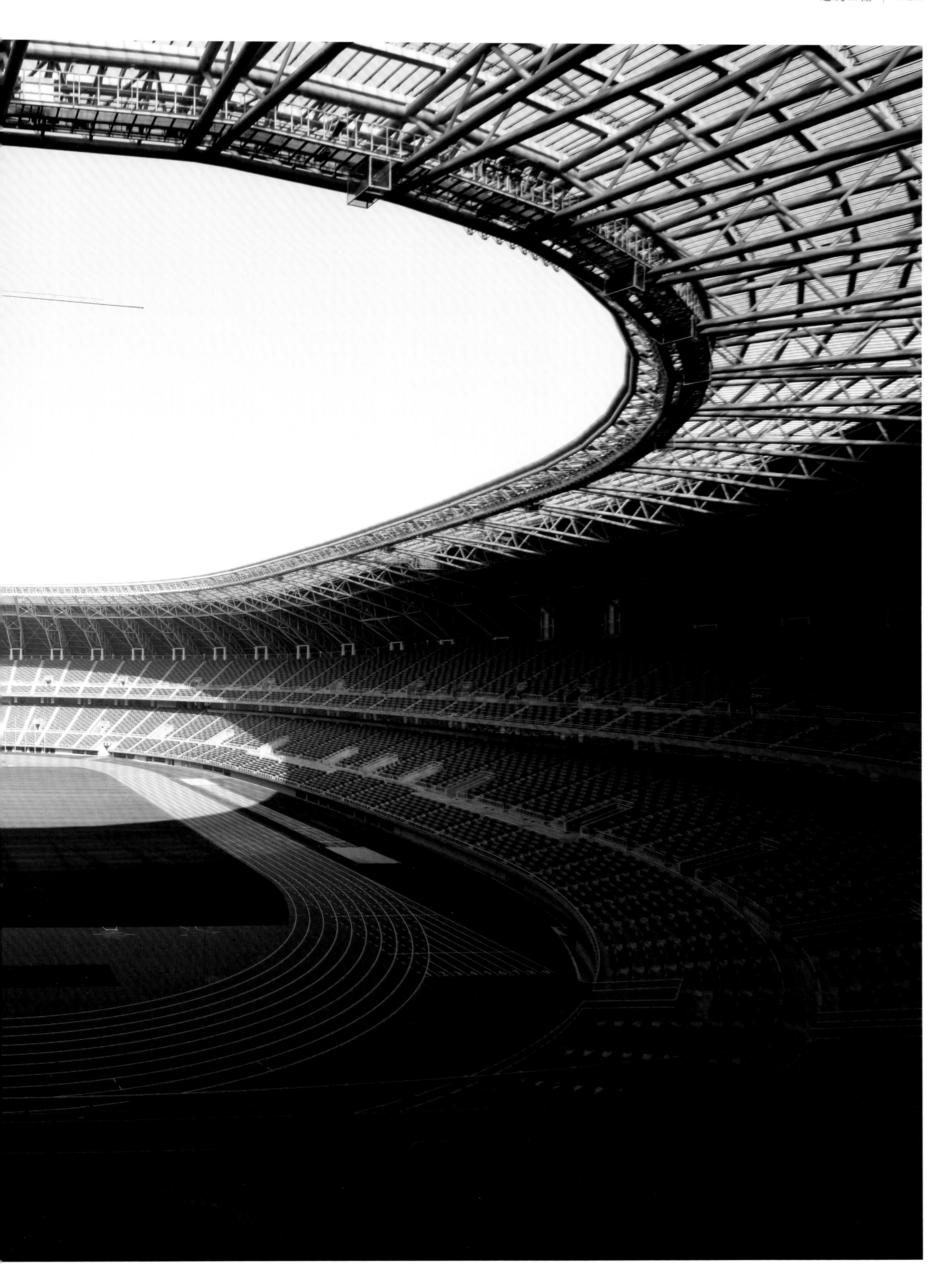

武汉大学 20 世纪 30 年代的早期建筑群

图书馆外景

1928 年，南京国民政府决定组建国立武汉大学，并任命李四光为学校建筑设备委员会负责人。

学校早期建筑群建设分为两期：第一期 1929 年 3 月动工，校长王世杰、地质学家李四光、林学家叶雅各等位主要负责人进行总体规划，同时聘请美国建筑设计师凯尔斯、结构设计师莱文斯比尔主持设计，工学院缪恩钊教授负责建造，汉协盛、袁瑞泰、上海六合、永茂隆等营造厂竞标承建系列工程。1932 年 1 月，第一期建设完工，主要项目有老斋舍、文学院、理学院主体，一区教授别墅群、珞珈山水塔等。

第二期工程于 1932 年 2 月开始至 1937 年 7 月结束。主要工程有半山庐、图书馆、宋卿体育馆、理学院侧楼、工学院、华中水工实验所、法学院、农学院（未完工）等。

这些系列建筑群中有十五处 26 栋，2001 年 6 月被国家批准为第五批全国重点文物保护单位，也是第一批国家重点风景名胜区——东湖风景区十个游览景点之一。

武汉大学早期建筑群在中国建筑史上具有重要意义。它融合了中西建筑风格，将西方古典建筑的元素融入到中国的园林、寺庙等传统建筑的风格之中，整个建筑群就像一座座“花园”和美丽的“宫殿”。同时，该建筑群掩映在青山绿水之中，对教学、科研、育人以及服务社会等都具有多方面的功能。

工学院大楼

理学院全景

法学院大楼西侧门

1932 年的武汉大学学生寄宿舍

体育馆外景

武汉火车站

2009年底，随着国内首条1000km以上高速铁路——武广高铁开通运营，在武汉东部，一座服务中部、面向全国、国内一流的综合交通枢纽，功能完善、充满活力的华中陆港初具雏形。武汉火车站及武广高铁的建成，极大缓解了原京广线的巨大客运压力。解决了其运能饱和、客货争流两大突出问题。

车站建筑总量33.2万m^2，高59.3m；设计采取“上进下出”的构思，将站房分为高架候车层、站台层、出站层三个主要层面。车站设站台20座，客车到发线20条，年旅客发送量为3100万人，平均日发送量为84900人。武汉站形似黄鹤，外形由9片白色波浪形屋面组成，中部高高凸起。寓意“千年鹤归，九省通衢，中部崛起”，充分体现了武汉地方文化特色。

车站采用桥建合一的新型结构形式，上部为钢结构候车层及屋面结构，下部为铁路高架桥。桥建合一的结构形式，提高了土地的利用率。上部钢结构约65000t，包括枝状拱结构，夹层结构和屋面结构。中央大厅屋面由五个大跨度枝状拱托起，形成跨度116m，高49m的可透视空间。整个钢结构呈空间曲面，由2万多个变截面管件组成，并存在大量大型铸钢节点、多管相贯节点。下部10座铁路高架桥平行布置，单桥由两侧各5跨36m鱼腹式简支梁和中部1联三跨连续刚构桥（22.1～34m+48m+22.1～34m）组成。桥梁首创地采用轨道桥与站台合一的结构形式；10.89m高的单箱五室鱼腹式断面形式；莲花座般的桥拱，空间不可展的曲面，饰面清水混凝土外观效果。

武汉火车站是一座具有时代气息，以人为本的现代化车站。车站综合采用了视频监控、资讯、引导、广播、时钟、求助、一卡通、票务、安检、办公自动化等系统，实现了建筑智能化。车站首创“等候式”和“通过式”相结合的旅客流线模式，使旅客流线更短，乘降更方便；站房与地铁、公交车站、长途汽车站、出租车等城市交通紧密结合，交通工具“无缝”衔接，实现了旅客进出站“零距离”换乘。

武汉火车站是一座“低碳环保”的绿色车站。车站综合运用了太阳能光伏发电、智能照明、自然采光分层渗透、自然通风节能、空调变频及分层控制、地源热泵系统、热回收系统等低碳节能技术，有效地利用了自然资源。据测算，每年可节约标准煤3200t，可减排二氧化碳7200t，减排二氧化硫88t，节能减排效果显著。

武汉火车站技术含量高，施工难度大，建设过程中自主创新，攻克了多项建筑业前沿技术，是一座充分体现自主创新的车站。车站共应用建筑业新技术38项，自主创新技术13项。其中4项技术成果经鉴定达到国际领先水平，2项达到国际先进水平，1项达到国内领先水平；成功申报专利16项，形成省部级及以上工法9项，技术标准6部，工程被全国建筑业协会评为第六批全国建筑业新技术应用示范工程。新技术应用及创新技术整体水平被鉴定为国际先进水平。

武汉火车站工程于2007年1月正式开始施工，于2009年12月26日投入使用。武汉火车站是充分体现“功能性、系统性、先进性、经济性、文化性”的现代化客运车站，已成为站房建设的示范性工程。

武汉火车站是铁道部、湖北省重点建设工程，它的建成开辟了武汉市“九省通衢”的新门户，有贯通全国、辐射周边的重要交通地位，已成为湖北与全国多个发达城市经济、文化快速交流的重要窗口，也是展现中部崛起与湖北地域文化的标志性建筑。

A2
A3

大庆炼油厂

大庆炼油厂是我国自行设计、自行组织施工的大型现代化炼油厂，设计生产能力为年处理原油 300 万 t。

大庆炼油厂有无力矩、半地下、浮顶罐共计 187 座，炼油塔 39 座计 1245t，容器 439 座计 3045t，锅炉 17 台，压缩机 91 台，加热炉 28 台，反应器、换热器 213 台，铁路 12.4km，道路 60.6km，工艺管线 576km，金属结构 4562t，电缆敷设 237km，给排水管线 179km，混凝土工程量 24.3 万 m^3，爆扩桩 7144 根。其中延迟焦化和铂重整装置规模大、技术复杂，设计有自控仪表 2000 多台件，自控仪表管线长达 50 余千米，工艺管线长达 97km，阀门、法兰 7500 多个，炼油塔 23 座，加热炉 8 座，机、泵、容换等炼油设备共 269 台。施工中大搞技术革新，不断改进施工方法，优化施工工艺，多、快、好、省地完成了施工任务。

大庆炼油厂 1962 年 4 月 1 日竣工，自开工后仅用 4 年多的时间，先后完成了两套常减压装置、热裂化装置、催裂化装置、延迟焦化装置、铂重整装置、迭合装置、洗涤再蒸馏装置以及酸碱精制、加氢裂化装置的制氢部分、加铅、合成氨、硝酸氨等装置和 40 多套辅助工程的安装施工，并实现了一次投产成功。大庆炼油厂的建成投产，标志着我国依赖“洋油”时代的结束。

本工程为国家重点工程，建成后，中国的成品油从此实现了自给，在国家经济建设中发挥了重要作用。

陕西法门寺合十舍利塔

法门寺合十舍利塔位于陕西省扶风县法门镇，为永久供奉释迦牟尼佛真身指骨舍利、珍藏和展览地下出土文物及佛教珍贵法器而建，是陕西省旅游文化的标志性建筑。

该工程构思奇妙、设计新颖。双手合一的造型，表达了佛教最高的境界理念和天地合一的人文理念。上部的十指造型，简洁明快地表现了佛教"阿弥陀佛"对人间和谐美好的祝福内涵。这一设计理念，既体现了佛文化的丰富内涵，又具有时代创意，把佛教宗旨、佛教文化和现代建筑完美地融合在一起。它是由台湾建筑大师李祖原先生和我国著名的结构大师孙芳垂先生挂帅设计的。

整个建筑由合十双塔和四周环绕的裙楼所组成，裙楼地上3层，地下1层。主塔地下1层，地上11层。内部空间由地宫、一层化身佛殿、二层报身佛殿以及54m以上法身佛殿（唐塔）等组成。总建筑面积为106322m^2，总高度148m。主塔结构为型钢混凝土结构，裙楼为框架剪力墙结构，结构设计使用年限100年，抗震设防类别乙类，抗震设防烈度8度，耐火等级一级。

工程有完善的给排水系统，采用了虹吸式雨水系统解决了大面积裙房的雨水排放；高智能、低能耗、高效率的空调制冷系统，提供了环保、舒适的室内环境；两路高压供电，不间断电源UPS，EPS应急照明和柴油发电机组成的应急供电系统，保障了塔内用电的安全可靠；火灾报警、消火栓、自动喷淋、大空间主动智能灭火组成立体、完善的消防系统；建筑设备监控系统、安防系统、通讯网络系统、消防联动系统、智能照明系统等组成了全方位的监制网络。塔内设有24部电梯，其中4部斜电梯和14部无机房电梯，本工程所采用的大角度斜电梯属国内首次应用。

工程采用了多项节能、节水、节材以及环境保护技术，如地源热泵系统提供的冷热源，同时给水泵、空调泵采用变频技术，大大地降低了能耗和运行成本；智能照明系统，通过感光监测和场景集中控制，大量节约电能；合理选用节水器具，大量节约水资源。

本工程在新技术、新工艺和新材料等方面大量应用，科技含量丰富。研发创新技术9项，实施国家推广的十项新技术10大项36子项。通过了陕西省建筑业新技术示范工程和全国建筑业新技术应用示范工程评审，多项创新技术均达到国际先进水平。

该工程于2007年4月10日开工，2009年4月17日竣工，2009年5月9日正式运营对外开放，同时举行了盛大的落成仪式及佛骨舍利安奉大典。

由此博大精深的佛教文化和现代化的时代风貌得以充分展现和融合，引起世人的广泛关注，得到了社会各界的好评。该工程正式开放后，世界各地的朝拜者和游客络绎不绝，与日俱增，平均每天接待上万人次，赢得了各界人士的赞誉。

法門寺
创建平安扶风

陕西历史博物馆

陕西历史博物馆以一组雄伟壮观的仿唐建筑群、博大雄浑的文物陈列闻名中外，被誉为“古都明珠，华夏宝库”。

工程占地 87 亩，总建筑面积 60699m^2，是当时世界最大的钢筋混凝土仿古建筑群。其仿古建筑种类繁多、结构复杂且尺寸大，施工难度极大。对结构复杂的翼角、斗拱和屋盖系统制作 1:10 和 1:1 的木质模型来控制。在该工程施工中通过对图纸优化设计、方案的论证并积极开展各种课题攻关等解决诸多施工难题。如超大翼角的成型、椽子的预制安装工艺、双坡屋面钢筋网片挂网施工工艺等。最终形成了仿古建筑施工一套科学的理论基础。

文物库区面积 8000 多 m^2，展室总面积达 11000m^2，展线长度 2300 多米。建筑空间构成采用“中轴对称、主从有序、中央殿堂、四隅崇楼”的传统宫殿设计方案，以黑、白、灰、茶色为基本色调，被誉为“新唐风”建筑的代表作，也是设计大师张锦秋的代表作之一。

该馆馆藏文物多达 37 万余件，上起远古人类初始阶段使用的简单石器，下至 1840 年前社会生活中的各类器物，时间跨度 100 多万年，品位高、价值广，国家一级文物 829 件，仅国宝就 18 件，唐墓壁画举世无双，展现了华夏民族博大精深的文明成就。

陕西历史博物馆是按照周恩来总理遗愿修建的历史博物馆，是国家“七五”重点工程。

南京中山陵

中山陵是中国近代伟大的政治家、伟大的革命先行者孙中山先生(1866～1925)的陵墓及其附属纪念建筑群。中山陵面积共8万余平方米，主要建筑有：牌坊、墓道、陵门、石阶、碑亭、祭堂和墓室等，排列在一条中轴线上，体现了中国传统建筑的风格。

南京中山陵景区，古称金陵山，金陵山共有三座东西并列的山峰。屹立在城东郊，是宁镇山脉中支的主峰。东西长7km，南北最宽处4km，周围绵延10余千米。巍巍钟山，青松翠柏汇成浩瀚林海，其间掩映着两百多处名胜古迹。

中山陵依山而筑，坐北朝南，岗峦前列，屏障后峙，气势磅礴，雄伟壮观。伟大的革命先行者孙中山先生的灵柩于1929年6月1日奉安于此。墓地全局呈“警钟”形图案，其中祭堂为仿宫殿式的建筑，建有三道拱门，门楣上刻有“民族，民权，民生”横额。祭堂内放置孙中山先生大理石坐像，壁上刻有孙中山先生手书《建国大纲》全文。

中山陵自1926年春动工，至1929年夏建成。面积共8万余平方米。主要建筑有：牌坊、墓道、陵门、碑亭、祭堂和墓室等。从空中往下看，中山陵像一座平卧在绿绒毯上的“自由钟”。山下中山先生铜像是钟的尖顶，半月形广场是钟顶圆弧，而陵墓顶端墓室的穹隆顶，就像一颗溜圆的钟摆锤。

陵墓入口处有高大的花岗石牌坊，上有中山先生手书的“博爱”两个金字。从牌坊开始上达祭堂，共有石阶392级，8个平台。台阶用苏州花岗石砌成。

祭堂为中山陵主体建筑，融中西建筑风格于一体，高29m，长30m，宽25m，祭堂南面三座拱门为镂花紫铜双扉，门额上分别刻有：民族、民权、民生。中门上嵌有孙中山先生手书“天地正气”直额。祭堂中央供奉中山先生坐像，出自法国雕塑家保罗·朗特斯基之手，底座镌刻六幅浮雕，是孙中山先生从事革命活动的写照。

祭堂东西护壁大理石刻着中山先生手书的遗著《建国大纲》。堂后有墓门二重，两扇前门用铜制成，门框则以黑色大理石砌成。上有中山先生手书“浩气长存”横额。二重门为独扇铜制，门上镌有“孙中山先生之墓”石刻。进门为圆形墓室，直径18m，高11m。中央是长形墓穴，上面是孙中山先生汉白玉卧像，下面安葬着孙中山先生的遗体。墓穴深5m，外用钢筋混凝土密封。

中山陵前临苍茫平川，后踞巍峨碧嶂，气象壮丽。音乐台、光化亭、流徽榭、仰止亭、藏经楼、行健亭、永丰社、中山书院，等纪念性建筑环绕在陵墓周围，构成中山陵景区的主要景观，不仅寄托了海内外捐赠者对孙中山先生的崇高敬意和缅怀之情，而且都是建筑名家之杰作，具有极高的艺术价值。

香港新机场客运大楼

香港新机场客运大楼登记手续办理大厅施工照片

1991年7月，中英两国政府签署了谅解备忘录，并就香港新机场核心计划达成共识，在香港赤立角建设新机场以应对亚太地区客运量急剧增长的发展势头。香港政府全面启动了这项世界瞩目的建设工程计划。

香港新机场客运大楼工程建筑总面积为51.5万m^2，总体布局呈"Y"形，不但是全球最大的单一机场客运大楼，更是世界上最大的室内公众场所。工程浇筑混凝土40.0万m^3，绑扎钢筋10.05万t，使用模板85.0万m^2，安装型钢结构1.97万t、安装玻璃幕墙11.5万m^2和屋面工程16.0万m^2等，工程于1995年年1月30日开工，1997年9月30日竣工。工程竣工后，可提供120个停机位，以处理每年37.5万架次的飞机升降，使新机场可每年处理8700万名旅客、900万t货物。

通过自主创新和引入国际先进技术再创新，在香港新机场客运大楼工程建设中采用了工业化移动式楼面模板施工技术、钢柱模施工技术、后张拉预应力钢筋混凝土施工技术、滑移梁安装屋面拱形钢网壳施工技术和管理信息化等先进技术。

香港新机场客运大楼玻璃幕墙工程照片

香港新机场客运大楼工程大面积屋面钢网壳安装现场照片

香港新机场客运大楼U形悬挑梁照片

香港迪士尼乐园

香港迪士尼乐园是全球第五个以迪士尼游乐园模式兴建、第十一个主题乐园。香港特区政府于1999年与华特迪士尼乐园公司达成协议，在香港大屿山竹篙湾兴建香港迪士尼乐园。

香港迪士尼乐园占地面积达126hm^2，特区政府与美国华特迪士尼公司共同出资141亿港元，工程于2003年1月开工，2005年9月竣工，工程提供一个每年可供560万名游客参观的迪士尼主题乐园（分为明日世界、幻想世界、探险世界及美国大镇小街）、拥有400间客房的六星级豪华酒店（迪士尼乐园酒店）和一间拥有1200间房间的三星级酒店（迪士尼好莱坞酒店），以及28000m^{2}的购物、饮食及娱乐综合中心。

迪士尼乐园对科技、环保和人文具有较高的品质要求，工程建设取得了巨大的经济和社会效益。

香港迪士尼乐园工程为繁荣香港，推动土木建筑及相关行业理论研究与科技进步作出了贡献，为中国建设和谐的人居环境与绿色建筑施工起到里程碑和引领示范作用。

香港迪士尼乐园工程整体规划图

香港迪士尼乐园工程施工全景

香港迪士尼乐园太空山过山车轨道安装工程

香港迪士尼乐园睡公主城堡工程照片

香港迪士尼乐园六星级酒店工程

4 水利及水运工程

- 长江三峡水利枢纽
- 黄河小浪底水利枢纽
- 引滦入津工程
- 河南红旗渠
- 北京密云水库
- 黄河公伯峡水电站
- 四川岷江紫坪铺水利枢纽
- 江苏江都水利枢纽
- 淮河临淮岗洪水控制工程
- 新疆乌鲁瓦提水利枢纽
- 东深供水改造工程
- 清江隔河岩水利枢纽及水布垭水电站
- 淮河入海水道工程
- 贵州乌江洪家渡水电站
- 长江重要堤防整治加固工程
- 西藏满拉水利枢纽
- 淠史杭灌区
- 上海国际航运中心洋山深水港区工程
- 长江口深水航道治理工程
- 京杭运河常州市区段改线工程
- 烟大铁路轮渡工程
- 秦皇岛港煤码头工程

长江三峡水利枢纽

三峡泄洪

1919年，当中国民主革命先行者孙中山先生在他的《建国方略》中最早提出在“三峡建坝”的理想时，积贫积弱的中国人无法实现这个伟大梦想。1949年新中国建立以后，追求民族伟大复兴的中国人民，在共产党的领导下，奇迹般地将中山先生的梦想一步步地变成了活生生的现实。三峡工程是中华民族的百年梦想，历经半个多世纪反复论证，1992年4月3日，第七届全国人民代表大会第五次会议表决通过了关于兴建长江三峡工程的决议。1993年正式开工建设，2003年，实现了初期蓄水通航发电，2008年11月机组全部投产，2009年9月，三峡工程通过175m蓄水前验收，16年后，三峡梦圆，壮我国威。

作为当今世界最大的水利枢纽工程，三峡工程创造了一百多项“世界之最”，许多指标都突破了世界水利工程的记录。三峡大坝的建成，是中国不断繁荣富强的象征，也向世界展现了中华民族自强不息的精神。三峡工程是中华民族实现伟大民族复兴的标志性工程，是为全面实现小康社会提供重要物质基础的基础性工程，是现代化建设进程中的一个重大成就，是中华民族扬眉吐气的工程，也是实践科学发展观的重要战场。三峡工程是目前世界上最大的水利枢纽工程，防洪、发电的效益十分显著，从技术的标志上讲，代表了先进生产力的发展要求。在建设三峡工程的过程中，采用了当代先进的科学技术，增强了人们对改造大自然、征服大自然的能力，也是培育民族精神的课堂。

长江三峡水利枢纽工程（以下简称“三峡工程”）主要由枢纽工程、水库淹没处理与移民安置工程、输变电工程三大部分组成。

三峡枢纽是世界最大的水利枢纽，由大坝、电站厂房、通航建筑物和防护坝等主要建筑物组成。大坝为混凝土重力坝，坝顶高程185m，最大坝高181m，坝轴线全长2309.5m。左、右岸坝后电站共安装26台700MW水轮发电机组，总装机容量18200MW，多年平均发电量847亿kW·h；连同扩建的右岸地下电站（6×700MW）和电源电站（2×50MW），三峡电站总装机容量达22500MW，多年平均发电量达882亿kW·h。通航建筑物包括船闸和升船机，其中船闸为双线五级连续船闸，可通过万t级船队；升船机为单线一级垂直升船机，最大提升高度113m，可通过3000t级船舶，规模均列世界第一。茅坪溪防护坝为沥青心墙土石坝，坝顶高程185.00m，轴线长889m，最大坝高104m。

三峡工程的建设面临着一系列前所未有的世界级难题，决定了三峡工程建设必须走自主创新之路。至2009年年底，三峡工程形成的科技成果获国家科技进步奖18项，省部级科技进步奖200多项，专利600多项，建立工程质量和技术标准100多项，同时创造了100多项世界之最。

三峡工程涉及水文、气象、地质、水工、泥沙、航运、生态环境、金属结构与机电设备、电力系统以及综合国民经济评价等专业领域，每一专业领域又包含了众多学科。集成创新贯穿了三峡工程论证、设计、施工的全过程。

三峡工程设计方案的比选汇集了最新科研成果，体现了优中选优。三峡工程建设集成了世界上最先进的技术，进行了大量自主创新。三峡建设者坚持以科技为先导，组织科研攻关，在积极汲取、借鉴国内外先进技术的基础上自主创新，破解了一道道难题，其中，三峡主体工程混凝土总量2800万m^3的大坝混凝土快速施工技术，是三峡工程集成创新的一个典型范例，是大坝混凝土浇筑的一场工艺革命。大坝质量受到国务院质量检查专家组的充分肯定，被誉为“是一座没有裂缝的混凝土重力高坝，创造了世界奇迹”。

三峡工程设计安装26台70万kw大型水轮发电机组，机组尺寸和容量大，水头变幅宽，设计和制造难度居世界之最。为了既确保三峡工程的质量达到一流，又不失时机地提升民族工业制造水平，国家决定在采购国外先进设备的同时，要求引进关键技术、消化吸收再创新，为特大型水轮发电机组国产化创造条件。同时，坚持自主创新，实现重点跨越，推动了国内机电装备制造业自主发展，取得了巨大经济和社会效益。

三峡工程是开发和治理长江的关键性骨干工程，具有防洪、发电、航运等巨大的经济和社会效益。三峡工程既是一项伟大的民生工程，又是一项水利工程技术的巅峰之作，还是提升我国民族工业的典范，更是一项低碳工程，可以称得上世界土木工程的杰出典范。

船闸全貌

三峡工程全貌

2006 年 5 月 20 日三峡大坝全线到达 185m 设计高程

葛洲坝集团三期工程

初期（135m）蓄水

黄河小浪底水利枢纽

黄河小浪底水利枢纽工程（简称“小浪底工程”）是国家“八五”重点建设项目，是新中国成立以来黄河治理开发里程碑式的特大型综合利用水利枢纽工程，是我国具有较高社会知名度和影响力的大型土木工程。工程主要建筑物由拦河大坝、泄洪排沙系统、引水发电系统组成；大坝高程281m，坝顶长1667m，坝高160m，水库正常运用水位275m，总库容126.5亿m^3，电站装机容量1800MW，概算总投资352.34亿元人民币。小浪底主体工程于1994年9月12日开工，2001年12月底基本完工并投入运行，2009年4月通过了由国家发改委和水利部组织的竣工验收。

小浪底工程规模宏大，地质情况复杂，水沙条件特殊，技术难题多，运用要求严格，是世界坝工史上极具挑战性的工程之一。小浪底工程的规划、设计、施工是以我国水利工程技术人员为主自主建设完成的，建设期间相继开展了400多项科学研究和实践，积极推广应用新技术、新工艺、新材料，攻克了诸多技术难题，取得了丰硕成果。设计建造了当时国内最深的混凝土防渗墙，填筑量最大、最高的壤土斜心墙堆石坝，世界坝工史上罕见的复杂进水塔群、最密集的大断面洞室群、最大的多级孔板消能泄洪洞及最大的消能水垫塘。总体设计、施工居国内领先水平，多项成果达到国际先进水平。

小浪底工程建设过程中，高度重视工程质量，质量保证体系健全，质量责任明确，管理严格，措施到位。施工符合国家和行业施工技术规范及相关技术标准，施工组织和工艺技术科学、合理，符合节能和抗震规范要求。整体工程质量达到行业领先水平。

自2001年小浪底工程建成投入运行后，取得了巨大的社会效益、生态效益和经济效益。黄河下游连续10年安全度汛，基本解除了下游凌汛威胁，将黄河下游防洪标准由不足60年一遇提高到千年一遇。十年来，工程充分发挥了水库的拦蓄调节作用，化洪水为资源，累计向下游供水2079亿m^3，实现了黄河连续10年不断流，改善了小浪底库区和下游河口地区的生态环境。10次调水调沙，约6.5亿多吨泥沙被冲入大海，使下游主河槽最小平摊流量从不足1800m^3/s增大到目前的4000m^3/s。截至2009年底，累计发电424亿kW·h，为地方经济发展作出了贡献。

小浪底

黄河小浪底水利枢纽调水调沙盛况

引滦入津工程

引滦入津工程分为引滦枢纽工程和引滦入津输水工程。引滦枢纽工程位于河北省迁西县境内的滦河干流上，是滦河干流上唯一控制性防洪工程，由潘家口水利枢纽，大黑汀水利枢纽，引滦枢纽闸三部分组成。

潘家口水利枢纽工程由原水电部第十三工程局勘测设计院负责设计，中国人民解放军基建工程兵零零六一九部队施工。工程分两期施工，一期工程自1975年10月主体工程动工，1985年基本竣工，1988年7月通过国家验收。潘家口水利枢纽工程一期主要工程量：土石方开挖424万m^3，混凝土浇筑280万m^3。设计总投资6.8亿元。工程主要任务为向天津市和河北省唐山市供水，结合供水发电，兼顾防洪。

潘家口水利枢纽包括主坝一座，副坝两座，坝后混合式电站一座和220kV开关站一座。潘家口水库位于河北省迁西县城以北30km处的滦河干流上，为大Ⅰ型多年调节水库，总库容29.3亿m^3，控制流域面积33700km^2，占流域总面积的75%，坝址以上多年平均径流量24.5亿m^3，占全流域多年平均径流量的53%。潘家口水库平均每年调节水量19.5亿m^3。潘家口水库遇到较大洪水时可以起到拦蓄洪水削减洪峰的作用，如1962年的洪水18800 m^3/s的流量时可以消减到10000m^3/s，减少下游唐山地区的洪水灾害，确保下游京山铁路桥行车安全。

大黑汀水利枢纽由原河北省海河设计院负责设计，以河北省海河工程局部分工程队为技术骨干，以各县团民工为主力，采用专群结合施工的。大黑汀水利枢纽位于河北省迁西县滦河干流上，距上游潘家口水库30km，主要建筑物包括宽缝式混凝土主坝一座，混凝土副坝一座，坝后式电站两座和110kV开关站一座。枢纽工程自1973年10月开工，1982年基本竣工。主要工程量：混凝土及钢筋混凝土135万m^3，土石方开挖300万m^3，总投资2.4亿元。

大黑汀水库为大Ⅱ型水库，水库主坝按百年一遇洪水设计，千年一遇洪水校核，并以可能最大洪水为保坝标准进行复核，控制流域面积35100km^2，占滦河总面积79%，其中潘大区间流域面积为1400km^2，有洒河支流汇入。主要作用是承接潘家口水库的调节水量，抬高水位，同时拦蓄潘、大区间来水并结合供水发电。

引滦枢纽闸是引滦入津和引滦入唐工程的咽喉，位于大黑汀水库主坝下游500m处，通过引滦总干渠与大黑汀水库相接，其作用是控制调节引滦入津和引滦入唐的流量。引滦枢纽闸右侧设三孔入津闸，设计流量60m^3/s；左侧设三孔入唐闸，设计流量80m^3/s。引滦枢纽闸以下分别与引滦入津隧洞和引滦入唐明渠相接。

引滦入津输水工程自河北省大黑汀水库坝下引滦枢纽闸下游隧洞入口至天津整个工程全长234km，包括隧涵、明渠、倒虹吸管、泵站、水闸等，共浇筑混凝土63.7万m^3，挖填土方共3460.5万m^3，石方166.7万m^3。工程设计过水流量为60m^3/s，校核过水流量为80m^3/s，设计引水量为每年输水10亿m^3。工程于1981年6月筹建，1982年5月开工，经中国人民解放军铁道兵部队和天津驻军的艰苦奋战，以及全市人民和167个参建单位五万名工程技术人员的通力合作，历时一年零两个月，于1983年8月建成通水。

引滦入津工程自运用以来，充分利用潘家口水库、大黑汀水库的调蓄作用，截至2009年底累计向天津供水145.8亿m^3，该工程的建成一举结束了天津人民喝咸水、苦水的历史，天津城市饮水水质达到国家二级标准。工业生产缺水的被动局面得到了扭转，同时为新建企业提供了可靠水源，加速了工业发展，改善了投资环境，成为天津经济和社会发展赖以生存的“生命线”。同时也大大缓解了唐山市的用水紧张状况。工程还担负着拦蓄洪水和削减洪峰的作用，保护着下游7个县市、4000km^2区域内200多万人口、380多万亩农田生命、财产安全以及京山铁路、大秦铁路、京哈高速公路、沿海高速公路、京唐港的安全。同时担负首都用电紧急备用，缓解华北电网的峰荷，为天津及唐山地区的经济发展和防洪安全做出了重要贡献。

大黑汀水利枢纽全貌

引滦入津工程纪念碑

潘家口水利枢纽全貌

于桥水库

河南红旗渠

青年

红旗渠是20世纪60年代，河南林州人民为改善恶劣的生产生活环境，在党的领导下，自力更生、艰苦创业，苦干十个春秋，削平1250个山头，架设152座渡槽，凿通211个隧洞，修建各种建筑物12408座，挖砌土石1515.82m^3，在太行山悬崖峭壁上开凿的长达1500km的大型引水灌溉工程。

红旗渠以浊漳河为源，渠首建在山西省平顺县石城镇侯壁端下，渠系布置为总干渠、干渠、分干渠、支渠、斗渠，红旗渠共有总干渠、干渠、分干渠10条，长304.1km，支渠51条，长524.2km，斗渠290条，长697.3km，设计灌溉面积54万亩。红旗渠自1965年通水以来，有效改善了林州人民的生产生活环境，促进了林州各行各业的迅猛发展，被林州人民称为“幸福渠、生命渠”。

红旗渠具有较高的科学艺术价值，红旗渠科学利用地形地貌，采用自然落差，使引水、蓄水、排水、灌溉、发电的综合效益全面发挥，创造性地缓解了林州缺水矛盾，红旗渠配套设施，库塘坝堰星罗棋布，有机结合，浑然一体，桥涵渡闸布局合理，设计科学、独具特色。渠系设计科学，做工精细，坚固耐用，美观大方，体现了高超的砌石技术，反映了一代工匠的建筑水平。同时，其修建过程中孕育形成的红旗渠精神，被誉为“民族魂”。红旗渠工程和红旗渠精神受到了党和国家的充分肯定，党和国家领导人胡锦涛、江泽民、温家宝、李先念、乔石等先后视察红旗渠，高度赞扬了红旗渠工程和红旗渠精神。

红旗渠源

红旗渠总干渠

北京密云水库

修建中的密云水库潮河主坝

密云水库位于京郊密云县城北部山区，横跨在潮河、白河主河道上，是新中国诞生后自行设计修建的华北地区最大的水库，总库容 43.75 亿 m^3。新中国建立后的第二年，在政务院的领导下，水利和地质部门就着手勘探并研究治理潮白河的方案。经过连续几年的艰苦工作，水利部北京勘测设计院于 1957 年提出修建密云水库的规划方案。1958 年初，交水利部清华大学水利水电勘测设计院负责初步设计。设计总负责人由张光斗教授和冯寅总工程师担任。1958 年 9 月，密云水库开工兴建。1960 年 9 月，水库建成投入运行。

密云水库是一座防洪、灌溉、供水、发电等综合利用的大型水利枢纽工程。水库坐落在潮白河水系中游，控制流域面积 15788km^2，占潮白河全流域面积的 88%。水库枢纽建筑物较多，共有 2 座主坝、5 座副坝、7 条隧洞、3 座溢洪道、1 座电站、1 座调节池，分布在水库南岸沿线 25km 的范围内。坝顶高程 160m，坝顶宽 8m，大坝总长 4560m。三座溢洪道总泄洪能力为 15530m^3/s。水库按千年一遇洪水设计，万年一遇洪水校核；两座主坝按国家Ⅰ级建筑物设计；溢洪道按Ⅱ级建筑物设计；隧洞及电站按Ⅲ级建筑物设计；土坝及溢洪道按地震烈度 8 度设防。密云水库的建成彻底根治了潮白河的洪水，保护了京、津、冀千万人口的安全。

密云水库施工难度非常大，是社会各界全力支援、无私奉献的结晶。水库修建正值“大跃进”时期，整个工程是按“一年拦洪度汛，两年基本建成”的速度进行施工安排的。密云水库是在特殊历史环境下修建的，当时物质条件还不充裕，工程技术水平和生产工具还不先进，边设计、边施工，物资条件、生活条件都比较艰苦，但是在周总理等党和国家领导人的亲切关怀和亲临指导下，社会各界全力支援，来自河北省、天津市和北京市 28 个区、县的农民、工人、干部、师生、科技人员、解放军指战员共 20 余万人无私奉献，广大水库建设者团结一致，苦干、实干加巧干，克服了工作上和技术上的重重困难，尤其是在拦洪度汛的紧张时期，20 多万军民昼夜不眠，奋不顾身与汹涌洪水拼搏，保住大坝和各建筑物的安全，最终创造了“一年拦洪、两年建成”的水利奇迹。完成土石方 3800 万 m^3，移民 5.6 万人，迁移村庄 57 个。工程计划投资 3.67 亿元，实际投资 2.64 亿元。密云水库工期之短、工效之高、质量之好、投资之少，堪称建国之后水利建设的楷模。

密云水库建设期间，积极开展技术革新与应用，实现了优质高效的目标。采用新工艺 123 种，提出施工合理化建议 11 万件。水库 7 座土坝均为黏土斜墙坝，直接筑在不同深度、不同岩土上，全部工程修筑历时 720 天。按照当时的常规，土坝多半是黏土心墙坝，斜墙坝在国内还没有先例。经过设计人员的深思熟虑，决定改用斜墙坝型。一系列重要的决策，不仅保证了大坝的安全运行，而且大大减少了斜墙黏土的用量，使大坝两年之内顺利完工。从此国内许多土坝也都采用薄斜墙这种坝型并获得了成功。

主副坝填筑过程中，白河主坝深层坝基防渗墙处理技术是当时困扰技术人员的重大难题。在设计人员提出采用“混凝土防渗墙”的方法后，周恩来总理亲自指导论证、给予肯定。经过两个多月的反复摸索试验，终于探索出一整套施工方法，并发展为钻机凿打长条形槽孔、浇筑混凝土的先进工艺。除混凝土防渗墙外，还有一段采用了黏土水泥灌浆防渗方法，一段采用了齿槽开挖到基岩的防渗方法，形成了地下大坝，取得了非常好的防渗效果。这项水利科学的尖端技术，达到了当时世界先进水平，获得了 1978 年全国科技大会奖，此后在国内外许多重要工程的基础处理任务尤其是我国水利水电工程、地基处理工程中发挥了重大作用。

密云水库运行以来，经受了 1976 年唐山大地震和 1994 年高水位的考验，在防洪、供水、发电、养殖、生态等方面产生了巨大的经济效益和社会效益，在除害兴利、促进国民经济发展和保障下游人民生命财产安全方面发挥了重大作用。

水库建成后至 1981 年的 22 年间，担负着为京、津、冀工农业和居民生活全面供水的任务，80% 用于农业灌溉，保证了 400 万亩农田的丰产丰收。1982 年以来，密云水库是首都唯一的地表饮用水源地。正常年份密云水库供水量占北京城市居民生活用水的 60% 以上。

水库建成以来，共拦蓄大于 1000m^3/s 的入库洪峰 23 次，最大入库洪峰流量为 3670m^3/s，累计洪量为 180.2 亿 m^3，全部拦蓄入库，累计减淹土地面积 2400 多万亩。累计为京、津、冀供水 363 亿 m^3，其中向北京供水 248 亿 m^3。累计发电 31 亿度，生产淡水鱼 1.5 亿斤。水库周边有水源涵养林 125 万亩，森林覆盖率达 87.5%，有效地保持了水土、涵养了水源，形成了良好的生态环境。水库及周边水源涵养林成为了北京重要的生态屏障和绿色北京的重要组成部分，产生了良好的生态效益。

密云水库是华北地区最大水库，她的诞生是国家根治海河水害的重要举措，是党“一切从人民出发，一切依靠人民群众”思想的不朽产物，是中华民族坚持自力更生、艰苦创业精神的具体体现，是科学技术和知识人才巨大力量的生动展现。

密云水库 50 年的运用证明，规划设计合理，建设质量优良，综合效用卓越，她是北京建设世界城市的战略资源地。在当前首都水资源严重紧缺的形势下，愈加显示出她举足轻重的地位。

密云水库调节池

密云水库白河主坝

密云水库潮河主坝

密云水库

黄河公伯峡水电站

黄河公伯峡水电站工程是黄河干流上游龙羊峡至青铜峡河段中第四座大型梯级电站，是国家“十五”的重点工程之一，也是西电东送的启动项目。该工程是一座以发电为主、兼有防洪、灌溉、供水等综合效益的大Ⅰ型工程，由挡水大坝、引水发电系统及泄水建筑物组成，其中挡水大坝是黄河干流上修建的第一座大型钢筋混凝土面板堆石坝。该工程在设计、施工过程中，不断进行设计和施工优化、大胆创新和采用了32项新技术，工程设计水平、关键技术创新、工程建设周期、工程经济指标与同等规模工程相比总体处于国内领先水平、部分达到国际领先水平。

该工程的主要科技创新包括：1）在国内首次采用自行混凝土挤压式边墙等创新性技术以及EP新型保温材料、优化混凝土配合比、新型模板等建设部推广的新技术，开创性地解决了高寒干燥地区复杂恶劣地质条件下百米级高面板堆石坝的关键施工质量问题；2）在国内外首次采用大型水平旋流消能技术，成功地将导流洞改建为泄洪洞，解决了在复杂恶劣地质条件下的泄洪安全问题；3）在国内外首次将大坝钢筋混凝土防渗面板一次连续浇筑到坝顶，成为世界上最长（218m）的钢筋混凝土防渗面板，并且采用深层帷幕灌浆、施工缝多层防渗处理等多种措施，成功解决了建筑物基础稳定和钢筋混凝土面板堆石坝渗漏问题；4）作为全国开展环境监理的十三个大型试点项目之一，成功实施了环境保护和监测管理，显著改善了区域生态环境并为我国同类规模的水电工程的环境保护开辟了一条新途径；5）在国内水电工程建设管理中首先提出并大力推行“以良好的文明施工保质量促安全促进度”的理念，工程质量管理的各项指标均优于国家和行业标准。发电工期提前一年，取得提前发电效益18.7亿元，被誉为我国水电工程建设管理的样板工程。

工程主厂房

下游全貌（公伯峡）

花园式工地

混凝土面板挤压边墙施工（公伯峡）

四川岷江紫坪铺水利枢纽

紫坪铺工程位于成都市西北60余公里的岷江干流上，以灌溉和供水为主，兼有发电、防洪、环境保护等综合效益，是都江堰灌区和成都市的主要水源工程。工程为大（1）型I等工程，主要建筑物大坝、溢洪道、泄洪洞、冲沙洞、引水系统进水口为I级建筑物，按1000年一遇洪水设计（洪峰流量8300m³/s），可能最大洪水校核（洪峰流量12700m³/s）。地震设计基本烈度为VII度。

工程坝址以上控制岷江流域面积22662km²，占岷江上游面积的98%；多年平均流量469m³/s，年径流总量148亿m³，占岷江上游总量的97%。大坝为混凝土面板堆石坝，最大坝高156m，水库总库容11.12亿m³，调节库容7.74亿m³，电站装机4台容量为76万kW，多年平均发电量34.17亿kWh。工程于2001年3月开工建设，2006年5月最后一台机组提前半年投产发电。

工程成功应用了大坝面板防裂技术、泄洪洞超厚硅粉混凝土衬砌技术、坝区高边坡处理技术、地下水工隧洞群废旧煤窑（洞）处理和瓦斯防治等多项新技术、新工艺，保证了工程的顺利建设；在设计过程中进行了200余项科学试验研究，创造了多项国际、国内领先水平的设计成果。

2008年5月12日，汶川发生里氏8.0级大地震，震中位于紫坪铺工程西偏南方向17.17km处，紫坪铺大坝经受了超设计标准高烈度地震的考验，成为世界上唯一一座经受住IX度以上地震烈度检验的高混凝土面板堆石坝，在国际面板堆石坝抗震史上具有里程碑的意义。2009年第一届堆石坝国际研讨会授予紫坪铺大坝国际堆石坝里程碑特别工程奖。

工程建成投产以来，将都江堰灌区1086万亩耕地供水保证率提高到了90%以上，每年枯水期向成都市增供工业、生活和环境用水5亿m³，将岷江中游成都河段的防洪标准由10年一遇提高到100年一遇，向四川电网提供了经济清洁的调峰调频电能，并在抗旱、抗震救灾和应急调水等方面发挥了重要作用，为合理配置岷江上游水资源、促进区域经济社会可持续发展作出了重要贡献。

江苏江都水利枢纽

江苏省江都水利枢纽是我国近代水利建设史中杰出的标志性工程之一。工程地处扬州以东14km的江都市区，位于江淮之间，长江三江营上游，京杭大运河和淮河入江尾闾的交汇处。该工程由4座大型电力抽水站、5座大型水闸、7座中型水闸、3座船闸、2个涵洞、2条鱼道以及输变电工程、引排河道组成。其中江都4座抽水站于1961年开工，1977年建成，共装有大型立式轴流泵机组33台套，装机容量 53000kW，最大抽水能力508m^3/s，到目前为止，仍是我国乃至远东地区规模最大的电力排灌工程。万福、金湾、太平三闸是排泄淮河洪水安全入江的控制水闸，设计泄洪能力12000m^3/s，闸孔设置共111孔，是淮河流域最大的控制性建筑物，目前承担排泄淮河70%以上的洪水。

江都水利枢纽工程是我国第一座自行设计、施工、制造、安装和管理的大型泵站群，在水利工程领域产生了重大影响。工程采用了国内首创的混凝土结构虹吸式出水流道及与其配套的真空破坏阀断流装置，并根据规模扩大，不断创新结构形式，创建了大型泵站建设的成功范例，建设过程也验证并推动了我国电动机和大型水泵研发制造技术的发展，为在此之后建设大型水利排灌工程提供了成功经验。

竣工于1969年的江都第三抽水站

江都水利枢纽规划设计科学合理，是我国建设大型水利枢纽多功能运用的典范。工程的规划和设计，无论从最初站址的选择，还是配套工程不断建设完善，都体现了可持续改进提高的战略眼光。工程集灌溉、排涝、泄洪、通航、发电、城乡工业和生活用水以及改善生态环境等综合功能于一体，通过闸站综合调度，引江供水既可以抽引北调，又可以自流东引；防洪排涝既可以自排淮河洪水，又可以抽排里下河涝水，真正实现了一站多用、一闸多用、一水多用。江都水利枢纽防洪受益范围为淮河下游约6万km^2，排涝受益范围为里下河地区1.1万km^2，江水东调直接供水受益范围为里下河腹地及沿里运河、沿总渠自流灌区约1200万亩，江水北调供水受益面积约4400多万亩。

江都水利枢纽工程质量优良，是江苏水利工程建设的楷模。工程建设期间正值三年自然灾害和十年动乱时期，无经验可供参考，建设者们通过反复探索，不断试验攻关，克服了种种困难，水工建筑工程结构合理、外形美观新颖、施工质量优良，在新中国大型泵站建设史上是首创之作，并推广至全国一百多座大型泵站。

江都水利枢纽工程社会效益显著，对苏北地区区域发展影响力较大。近50年来，工程已累计抽引江水北送1187亿m^3，效益约335亿元；自流引江水东送1062亿m^3，效益约为318.6亿元，可增产粮食531亿kg；排泄淮河洪水8675亿m^3，抽排里下河涝水331亿m^3，防洪减灾效益约为5000亿元。江都水利枢纽工程的建成在防洪除涝上实现了对淮河流域和里下河地区最大的防洪保护区和最大的易涝洼地的有效保护，保证了在大洪大涝年份该地区经济社会秩序稳定，经济发展不受大的影响。在供水方面，实现了江苏省的引江济淮、江水北调的跨流域调水，解决了苏北尤其是淮北地区用水问题，极大地推进了农业耕作制度的改革，使过去十年九荒的淮北和里下河地区建成了稻麦两熟田，成为我国重要的商品粮基地。

江都水利枢纽为国家实施南水北调东线工程打下了基础，供水功能不断增强，效益继续扩大。江都水利枢纽既是江苏省江水北调的龙头，也是国家南水北调东线工程的源头。南水北调东线工程建成后，江都站的抽引能力占东线一期抽江水规模的80%。

江都水利枢纽工程是新中国建成后我国大型水利工程的杰出代表，工程规划布局合理、设计理念先进、管理科学规范、综合功能显著、社会效益明显，建成后社会知名度、影响力较大。

江都第一抽水站 1963 年建成后首次运行开机

竣工于 1960 年的淮河入江水道重要控制工程万福闸

江都水利枢纽鸟瞰图

淮河临淮岗洪水控制工程

临淮岗洪水控制工程地处淮河干流中游，主体工程位于安徽省霍邱、颍上、阜南三县，控制流域面积4.22万km^2，按100年一遇洪水标准设计，相应滞洪库容85.6亿m^3，1000年一遇洪水标准校核，相应滞洪库容121.3亿m^3。为I等大(1)型工程。

主体工程主要建设内容包括：拓宽上下游引河；对现有主坝、南北副坝加高加固并延伸；加固改造已建城西湖船闸、49孔浅孔闸；新建深孔闸、姜唐湖进洪闸及临淮岗船闸。主坝及南北副坝均为均质土坝，主坝长8.54km，最大坝高21.0m，南北副坝总长69km，最大坝高12.0m；浅孔闸为开敞式闸室结构，单孔净宽9.8m，49孔；姜唐湖进洪闸为开敞式闸室结构，单孔净宽10.0m，14孔；深孔闸为胸墙式闸室结构，单孔净宽8.0m，12孔；新建临淮岗船闸标准为500t级；加固城西湖船闸为100t级；引河底宽160m，全长14.39km。

临淮岗洪水控制工程是控制淮河干流中游洪水的战略性骨干工程，国家“十五”重点工程，其主要任务是防御大洪水，使淮河中游正阳关以下主要防洪保护区的防洪标准由不足50年一遇提高到100年一遇，为京沪铁路、京九铁路、多条高速公路、煤矿、电厂、城市及1000多万人口提供安全保障。工程建成后，遇100年一遇洪水，可减少淹没面积为1290km^2，一次性防洪减灾效益为306亿元，多年平均减灾效益为2.8亿元。2003年及2007年淮河流域发生特大洪水，工程均运行正常，经受了大洪水的考验，发挥了巨大的防洪减灾效益。

2001年5月，水利部以《关于临淮岗洪水控制工程初步设计报告的批复》（水总[2001]187号）批复了该工程初步设计。工程于2001年12月开工建设，先后完成了主体工程竣工初步验收、各专项验收及工程安全鉴定工作，并于2007年6月完成工程竣工验收。

工程总体设计充分利用原建工程，根据各建筑物不同功能要求，通过水工模型试验，创新了工程建设方案，优化了总体布置，不仅大大改善了工程运行条件，保证工程运行安全，而且满足了淮河和城西湖通航需求，同时节约了土地、材料，降低了工程造价。工程施工研发的“开孔垂直连锁式预制混凝土砌块”护砌技术，不仅解决了长吹程，高风浪条件下的主坝坝面防护问题，还节约了投资，并获得了国家专利。工程综合运用吊空模板、优化砼配合比、掺加抗裂剂等砼防裂技术，成功解决了49孔闸闸墩外包砼的防裂问题。工程应用电解质式位移监测系统，创新了大坝内部位移监测技术，提高了监测精度。

该工程深入贯彻节能、节水、节地、节材及环境保护等可持续发展的治水思路。设计充分利用已有土坝和水闸，节约了土地、材料，主副坝坝坡采取工程或植物措施进行防护，施工中利用弃土填筑分流岛、构建主题公园，工程结束后临时占地全部复耕或绿化，较好地发挥了保护水土资源、改善生态环境的作用。

工程建成后，减少了1290km^2的淹没面积，一次性防洪减灾效益能达到306亿元，为淮河中下游广大地区和国家财产、工农业生产和人民生活提供了安全保障。在2007年淮河大洪水中，工程及时投入运用，有效减轻了淮河干流的防洪压力，发挥了巨大的防洪效益。

姜唐湖进洪闸

临淮岗主体工程鸟瞰图

12孔深孔闸

主坝

新疆乌鲁瓦提水利枢纽

乌鲁瓦提水利枢纽工程位于新疆和田地区境内，距和田市71km，是和田河西支流喀拉喀什河的控制性骨干工程，是国家“九五”期间重点建设项目，具有灌溉、防洪、发电和改善生态等效益。枢纽工程由主坝、副坝、溢洪道、泄洪排沙洞、冲沙洞、引水发电洞、电站厂房和升压变电站等建筑物组成。主坝高133m，长365m，是当时全国在建的同类坝型中第一高坝。水库总库容3.336亿m^3，控制坝址以上流域面积19983km^2，工程设计洪水标准100年一遇，校核洪水标准2000年一遇加15%安全保证值，地震设防烈度为7度。

工程已按照批准的设计内容建设完成，枢纽工程平面布置好，设计经济合理，功能齐全，效益全面，科技含量较高，其坝体结构、防渗系统、排水系统及基础处理等设计，均达到国内领先水平。

在工程建设期间通过科技攻关和技术创新，解决了许多关键技术问题，优化了设计方案，创新了施工工艺和管理方法，提高了施工质量，节约了工程材料，降低了工程建设成本，保证了建设工期和工程的安全可靠性。该工程是在新疆率先试点、推行三项制改革

的大型水利建设项目，建设程序规范。工程开工至今，没有发生任何质量事故，主体工程和移民安置、工程档案、消防设施等专项工程全部通过竣工验收，工程施工质量优良，符合规程规范和设计有关要求，并得到了专家的肯定与好评。工程建成投运后，所有监测数据均在规范和设计允许范围之内，工程安全可靠性高，运行工况良好，其灌溉、防洪、发电和改善生态等工程效益得到全面发挥，彻底解决了和田地区的近 200 万亩的农业灌溉用水问题，同时也充分体现了党和政府对边远贫困少数民族地区的关怀，对维护和田地区的安定团结和社会稳定、提高人民生活水平有着十分重要的意义，它结束了当地百姓世世代代被大自然所奴役的局面，给生活在贫困中的各族人民带来了幸福的曙光，当地人亲切地称它为“幸福工程”，经济社会效益显著。

乌鲁瓦提
水利枢纽

东深供水改造工程

金湖泵站外景

东深供水改造工程是对原东江—深圳供水工程进行彻底改造，实现“清污分流”，并适当增加供水水量，为香港和深圳、东莞提供优质淡水的大型跨流域调水工程。工程全长51.7km，总投资49亿元人民币。取水口设计流量100m^3/s，年设计总供水能力23.73亿m^3。改造工程封闭式输水系统长约52km，设计提水总扬程70.25m，主要建筑物包括：供水泵站3座、渡槽3座（3.9km）、无压隧洞7座（14.5km）、有压输水箱涵9.9km、无压输水明槽、箱涵和涵洞10.4km、人工渠道改造9.1km、分水建筑物36座。

东深供水改造工程充分运用新技术、新工艺、新材料、新设备，建成了四项世界上无先例可循的项目：同类型世界最大现浇预应力混凝土U形薄壳渡槽，全长3.9km，过流量90m^3/s，槽壁厚30cm，通过给槽身施加预应力来满足抗裂的要求；同类型世界最大现浇无粘结预应力混凝土圆涵，全长3.4km，过流45m^3/s，涵壁厚仅35cm，为满足抗裂要求，横向采用了无粘结预应力技术；同期同类型世界最大的液压全调节立轴抽芯式斜流泵，采用了自动平衡式推力轴承和导轴瓦间隙无需调整的技术和工艺；东改工程全线无水库调节，各级泵站间“刚性连接”，水量平衡要求高，运行调度采用全线计算机自动监控系统，技术达到国际一流水平。

本工程设计总体布置合理，系统功能完善，实现了“清污分流”和扩大供水规模的目的。设计中采用了多项新技术、新设备和新工艺，设计理念、计算方法等方面也有新的突破。其中：世界上同类型最大型现浇“U”形预应力混凝土薄壳渡槽、d4.8m现浇预应力混凝土圆涵等四项关键技术创新，“总体上达到国际先进水平”。本工程于2003年6月28日全面竣工交付商业运营，并通过运行管理单位组织进行的设计规模仿真运行试验证明：工程设计达到国际先进水平，经济效益及社会效益显著。

东改工程发挥了显著的经济和社会效益。工程高效、优质建成投产，为香港、深圳和东莞地区2000万人口和19000亿元的生产总值提供了水安全保障。

输水隧洞

旗岭泵站全景图

渡槽

清江隔河岩水利枢纽及水布垭水电站

开关站

放空洞泄洪

一、隔河岩水利枢纽

隔河岩水利枢纽位于长阳县城上游9km，是湖北省清江干流第一期开发工程。工程的主要任务是发电，兼顾防洪、航运。正常蓄水位200m，水库总库容34.4亿m^3，有效库容19.75亿m^3，为年调节水库。电站总装机容量121.2万kW，年发电量30.4亿kW·h；垂直升船机年双向通过能力340万t。

工程于1987年1月开工，当年12月截流，1993年7月1日第一台机组发电，1996年11月26日四台机组全部发电，即标志着除升船机外的工程全部完工。工程总投资49.88亿元。

枢纽工程的主要建筑物由混凝土重力拱坝、坝身泄洪表孔、深孔、引水式电站及124m高升程300t级垂直升船机，关家冲副坝组成。主坝最大坝高151m。

隔河岩水利枢纽因其效益巨大，交通便利而首先兴建，为滚动开发清江流域打下基础。隔河岩水利枢纽的兴建，能有效拦截上游洪水，对长江防洪起到巨大作用；电站有效减少了火力发电所造成的环境污染问题；带动了地方经济的多元化发展，具有长远和显著的社会效益。

隔河岩水电站是湖北省及华中电网的骨干调峰、调频电源，同时承担电网事故备用任务，对系统的稳定运行起重要作用。

清江在著名的荆江河段上端注入长江。隔河岩水库预留防洪库容5m，可配合三峡水库为荆江河段提供防洪保护，使荆江河段防洪标准从100年一遇提高至124年一遇，对特大洪水还可推迟荆江分洪时间半天到1天；同时，隔河岩水库还可提高清江下游长阳县城防洪标准至20年一遇，基本免除1969年型洪水造成的灾害。

隔河岩大坝建成后，水库形成长约90km的航道，将大大地促进库区航运的发展。加上其下游高坝洲水利枢纽后，两个水库共形成长约140km的五级航道直通长江。

隔河岩水库水域广阔，可大力发展水产养殖业。库岸两侧奇峰怪石、瀑布飞流、湖光碧澄、山色葱郁，形成一座独具特色的国家森林公园——清江画廊，为发展旅游业创造了得天独厚的条件。

在1998年长江抗洪中，隔河岩水利枢纽发挥了重大作用。长江第六次洪峰使沙市水位创下45.30m的历史最高纪录，隔河岩大坝超限度地拦蓄洪水，使荆江水位下降20～30cm，避免了荆江分洪，从而使国家避免了数百亿元的经济损失。截至2009年8月，安全运行了16年的隔河岩水电站累计发电380亿kW·h，创造发电效益130亿元。

隔河岩工程的修建采取了许多工程建设创新技术和管理技术，为我国类似工程的建设和管理提供了重要的借鉴价值和成功的一种崭新思路。

二、水布垭水电站

清江水布垭水电站位于湖北省巴东县境内，是清江流域梯级开发的龙头电站，是一座具有多年调节性能的水库，是以发电、防洪为主，兼顾其他的一等大型水电水利工程。是国家“十五”重点建设项目和“九五”科技攻关依托工程。主要建筑物由河床混凝土面板堆石坝、左岸河岸式溢洪道、右岸地下式电站厂房和放空洞等组成。工程于2002年10月截流，2006年10月通过蓄水验收，2007年7月首台机发电，2008年8月，所有机组投入运行。

水布垭大坝最大坝高233m，是国内外已建和在建最高的面板坝；溢洪道泄洪水头落差171m，最大泄量18320m^3/s，泄洪功率31000MW，消能区防淘墙面积2.8万m^2，最大墙深40m；放空洞设计最大挡水水头152.2m，最大操作水头110m，平面定轮事故检修闸门滚轮轮压值为5400kN；地下电站尺寸168.5m×23m×65.47m，洞室群围岩上硬下软，软岩比例大；大电流全连式离相封闭母线垂直高差达118m；防渗帷幕灌浆接触段最大压力达到了1.5MPa；以上各项指标均居国内外同类工程之首或前列。

水布垭工程建设解决了一系列具有开创性和挑战性的技术难题，所采用的技术先进合理、安全可靠，完善和发展了高面板坝工程的设计理论和工程实践，不仅解决了水布垭工程自身的难题，也对同类工程具有重要的推广和借鉴意义。

水布垭电站的兴建，能有效拦截上游洪水，对长江防洪起到巨大作用；电站总装机1840MW，年发电量39.84亿kW·h。已产生直接经济效益20.6亿元；水布垭采用面板坝，与心墙坝方案相比，水布垭水电站每年的发电量相当于每年减少142万t燃煤消耗，节能减排效果十分显著，有效减少了火力发电所造成的环境污染问题；采用面板坝，避免了黏土心墙坝比较坝型所需大量黏土料对良田和植被的破坏。带动了地方经济的多元化发展，具有长远和显著的社会、经济、环境效益。

水布垭水电站

淮河入海水道工程

二河枢纽

淮河是我国七大江河之一。自从1194年黄河夺淮以后，滚滚洪流携带的巨量泥沙淤塞了淮河下游，使淮河失去了自己的入海尾闾。仅从1855年至1949年的94年间，淮河流域共发生较大洪水48次，平均1.9年发生一次，淮河成为七大江河中洪涝灾害最为频繁、为害最为严重的河流。新中国刚成立，毛泽东主席就发出了“一定要把淮河修好”的伟大号召，新中国第一条全面系统规划、综合治理的流域——淮河治理从此拉开了序幕。此后几十年间，国家几代领导人、专家、学者对淮河入海水道建设方案不断进行论证、研究。1999年，经国务院正式批准，淮河全面治理中的重大战略性建设项目——国家重点建设项目淮河入海水道工程于1999年8月开工，2003年6月完成主体工程并投入使用，工程总投资41.17亿元。

工程的建成，结束了自1194年黄河决口南泛夺淮以来，淮河800年没有直接入海通道的历史，将洪泽湖及淮河下游地区防洪标准由50年一遇提高到100年一遇，为2000万人口、3000万亩耕地提供防洪安全保障，对于解决淮河洪涝灾害频繁问题发挥了重要战略性作用。

淮河入海水道工程建设项目经过充分论证、规划科学、布局合理、效益显著。河道断面采用创新的泓滩结合河道行洪方式，既充分满足了行洪需要，又减少了工程占地20多万亩、人口迁移14万人。工程泓道布置科学，实现高低分排、清污分流，合理解决了河道沿线1700余公里区域的排涝与140多万人饮水安全问题。河道拦河枢纽工程，在汇集当代先进设计经验的基础上，经过科学论证，采用创新的设计理念，既保证了工程效益的充分发挥，又圆满地实现了与已有的各类工程合理衔接和充分协调。

工程实施中，解决了在平原地区软基高承压水深基坑开挖、深淤土地基筑堤和大体积薄壁混凝土防裂等方面的设计与施工等一系列技术难题，为今后类似工程建设提供了经验。工程优化施工方法，在平原地区深淤土基上进行大规模筑堤，保证了堤防沉降控制在合理范围内，有效提高了筑堤速度，实现了“又好又快”的建设要求。工程既考虑了工程本身功能的需要，又充分注意尽可能增加对周边环境的保护和改善，实现了工程与人文环境、自然环境的和谐。

工程投入使用以来，在防洪、排涝、航运、调水、环保、旅游等方面发挥了巨大的综合经济和社会效益。仅在2003年淮河流域发生了1954年以来的最大洪水时，淮河入海水道工程及时投入运行，减少了300多公里范围内10多万人的受灾损失，产生免灾效益27.68亿元，相当于工程总投资的三分之二。2007年，在抗御淮河流域特大洪水中再次发挥了巨大效益，经受了洪水的考验。

淮河入海水道近期工程规划与设计先进合理，工程质量可靠。工程不仅造型美观且内涵丰富，既是一项大型综合性水利精品工程，又是一条绵延百里的人文景观。工程既有效继承了传统水利工程理念，又创新了现代水利工程理念，是当代水利建设工程的杰出代表作。

淮安枢纽夜景

淮河入海水道（排涝期）

滨海枢纽

贵州乌江洪家渡水电站

洪家渡电站泄洪景象

贵州乌江洪家渡水电站工程是国家“西电东送”工程中首批开工建设的重点项目，是乌江干流梯级的龙头水电站，具有多年调节性能，水库总库容 49.47 亿 m^3，对下游梯级电站效益有显著的补偿作用。水库拦河大坝为混凝土面板堆石坝，高 179.5m，是当时世界上高坝之一，技术难度大。电站装机 600MW，于 2005 年完建。

在勘测设计工作中，针对工程位于高山峡谷岩溶地区存在“窄高坝、高边坡、强岩溶、多洞室”等主要技术难点，在满足现行有关技术标准的基础上，通过科技攻关、精心设计，解决了高山峡谷岩溶地区河湾地形的枢纽布置，峡谷地区 200m 级高面板堆石坝，300m 级高陡边坡，快速施工、一次成型的新结构发电厂房，大泄量高流速岩溶地区特大型水工隧洞，强岩溶区防渗帷幕灌浆等多项工程技术难题，满足了各建筑物功能及安全要求，发挥了电站在乌江梯级中的龙头地位和对下游梯级的巨大补偿作用，节约直接工程投资 4.69 亿元，缩短建设工期 2 年 3 个月，取得了显著的经济和社会效益，为该工程高质高效建设做出了重大贡献。工程勘测设计成果达到了国际先进水平乃至国际领先水平，获国家科技进步奖一项，

该工程已历经多年运行检验，各项主要监测数据指标均处于国内外已建、在建工程的前列，运行状况良好。工程建设获中国土木工程詹天佑奖及创新集体、中国建设工程鲁班奖等，另获省部级奖励多项。

该工程及其对下游的补偿效益可替代火电 32.25 亿 kW·h，年节约标煤 107.4 万 t，对环境保护、节约能源有着重大的意义。技术成果的推广应用，对推动我国水利水电工程技术的进步和发展发挥了积极作用。工程建设中节约直接工程投资 4.69 亿元，同时缩短建设工期 2 年 3 个月。

贵州乌江洪家渡水电站工程社会知名度高，影响力大，在土木工程领域产生重大影响。

长江重要堤防整治加固工程

1998年长江流域发生了流域性的大洪水，党中央国务院高度重视长江防洪体系建设，大幅度增加了对长江堤防工程建设的资金投入。1999年8月25日国务院第46次总理办公会议决定，长江一、二级堤防和重点堤防工程的穿堤建筑物、基础加固和防渗处理、抛石固基等施工难度大、技术要求高的工程，由水利部长江水利委员会负责组织建设并承担相应责任。国务院随后又以国发[2000]20号文进一步明确。

长江重要堤防整治加固工程共计包含28个项目，工程区位于湖北、湖南、安徽、江西等四省所辖范围内的长江堤防及重要支流汉江、赣江大堤等2000多公里堤防上，其中长江干堤18项，支流堤防2项，河势控制或崩岸整治工程8项。

该工程主要建设内容包括防渗工程、护岸工程、穿堤建筑物加固等三类。防渗工程主要建设内容有土方开挖、回填，水泥土防渗墙、塑性混凝土防渗墙、高喷防渗墙，堤身锥探灌浆，堤身斜面土工膜、混凝土预制块护坡、草皮护坡，吹填盖重、压浸平台、黏土铺盖、堤内外填塘固基，减压井（沟）及其排水系统，新防洪墙建设与老防洪墙加固，堤顶防汛道路和安全监测等。护岸工程主要建设内容有土方开挖、回填，干（浆）砌石、混凝土预制块护坡，导滤沟，混凝土系排梁浇筑，水下抛石、抛柴枕、沉放钢丝网石笼、铰链混凝土预制块沉排及模袋混凝土（砂），钢筋混凝土抗滑桩或水泥土搅拌阻滑桩等。穿堤建筑物加固工程共有8座涵闸，分除险加固、原址重建、原址改建、移址改建4种形式。

该工程自2000年元月起陆续开工，于2004年完工。工程于2005年12月通过了水利部主持的竣工验收。工程28个项目的设计概算为64746488万元，由于下荆江河势控制工程（湖北段）等3个河控项目国家投资计划未全额下达，实际实施完成概算投资为610026万元，实际使用资金467952.36万元。

该工程严格按项目法人责任制、工程监理制、招标投标制、合同管理制运作。工程建设符合国家有关规程、规范要求，建设中采用了新材料、新技术和新工艺。工程质量满足设计要求，质量全部合格，分部工程优良率达72%。工程投资控制有效。建设征地已按批准的设计完成，移民得到妥善安置且生产生活条件得到改善。水土保持、环境保护措施全面落实，符合“三同时”制度。该工程的建成，极大的降低和减少了因崩岸和渗透对长江大堤安全构成的威胁，极大提高了长江干堤的防洪能力，增强了河势的稳定性。对保护区内人民生命财产安全、构建和谐社会环境、实现地区工农业生产持续发展有重要作用，是一项功在当代，利在千秋、造福子孙的民心工程。建成后的工程经过8～10年的运行，经受了考验，发挥了显著的防洪减灾作用。

西藏满拉水利枢纽

满拉水利枢纽工程是“八五”期间国家62项援藏项目中投资规模最大，综合效益最为显著的一项工程。工程位于年楚河上游，地处江孜县龙马乡甲布拉村，坝址距江孜县城28km，距日喀则市119km，是一座以防洪、灌溉、发电为主，兼有水土保持、水产养殖、水利旅游等效益的大型水利枢纽工程，也是“一江两河”农业综合开发的骨干工程。

满拉水利枢纽总库容为1.55亿m^3，灌溉最大引用流量18.2m^3/s，增加灌溉面积25.42万亩；水电厂装机容量20MW，多年平均发电量为0.61亿kW·h。

满拉水利枢纽设计为Ⅱ等工程，主要建筑物大坝和泄洪洞为2级建筑物。设计洪水标准为百年一遇，校核洪水标准为2000年一遇。设计洪水位4257.5m，校核洪水位4258.4m，保坝最高洪水位4260.0m。

满拉水利枢纽下游至年楚河河口两岸阶地可自流灌溉及抽水灌溉的范围为满拉灌区，属于满拉工程项目的配套项目。满拉灌区包括江孜、白朗、日喀则市（县）的18个乡、147个行政村，农业总人口8.7万人。灌区灌溉总面积为45万亩，其中农业灌溉面积33.54万亩，草场灌溉面积6.29万亩，林地灌溉面积5.17万亩。灌区内土地平坦，气候温和，耕地集中，土质肥沃，粮油总产量占日喀则地区的50%，占整个自治区的30%，是自治区的重要的商品粮基地。

1995年满拉水利枢纽工程开始全面施工，1996年11月顺利实现大坝围堰合拢，1997年引水发电隧洞全线贯通。1999年7月，武警水电指挥部委托水规总院组织进行了满拉水利枢纽工程蓄水前的安全鉴定。1999年9月拦河坝填筑达到设计高程，10月下闸蓄水。1999年12月18日，第一台机组发电，枢纽工程于2001年8月通过了竣工验收。

满拉水利枢纽工程建成后的顺利运行，对于解决年楚河流域农田、林草地的灌溉及人畜饮用水，保证农牧业增产增收，缓解藏中电网覆盖地区能源紧张，提高年楚河防洪标准，改善流域气候条件，保护流域生态环境，减少水土流失，确保下游年楚河沿线人民生命及财产安全，促进当地社会经济发展，稳定社会局势等方面发挥了重要作用。

淠史杭灌区

淠史杭灌区位于安徽省中西部和河南省东南部，横跨江淮两大流域，是淠河、史河、杭埠河三个毗邻灌区的总称，是以防洪、灌溉为主，兼有水力发电、城市供水、航运和水产养殖等综合功能的特大型水利工程，受益范围涉及安徽、河南2省4市17个县区，设计灌溉面积1198万亩，实灌面积1000万亩，区域人口1330万人，是新中国成立后兴建的全国最大灌区，是全国三个特大型灌区之一。

淠史杭灌区以艰苦卓绝的创业历史享誉中外。位于江淮分水岭两侧的特殊地形和地处南北气候过渡带的气象条件，使历史上皖西皖中地区水灾频发。在这片饱受水患的土地上，古代先哲们虽然创造了中国最古老的蓄水灌溉工程芍陂（今安丰塘）等工程，但并没有改变江淮分水岭地区十年九灾的历史。新中国成立后，在中国共产党的领导下，安徽人民积极响应“一定要把淮河修好”的伟大号召，自力更生、艰苦奋斗，陆续兴建了拦蓄大别山区洪水的佛子岭、梅山、磨子潭、响洪甸、龙河口五大水库。以此为主水源，建成了灌溉1000万亩的特大型淠史杭灌区。从1958开工兴建至1972年基本建成通水的14年里，在经济极端困难、物资十分匮乏、技术设备落后的条件下，安徽人民用十字镐、独轮车等简单工具，肩挑手抬，以最高日上工人数达80万人、累计4亿工日的“人民战争”和建设时期每亩不足40元的国家投资，开挖了6亿m^3的土方量，建起了纵横皖西、横贯皖中的庞大灌溉系统，创造了新中国水利建设史上的奇迹。党和国家领导人毛泽东、周恩来、邓小平、朱德、刘伯承、李鹏、乔石、温家宝、曾庆红等先后来到灌区考察，美国、法国等30多个国家的友人先后来到灌区观摩。

淠河总干渠

淠史杭灌区以宏伟的灌排体系著称于世。灌区以五大水库、三大渠首、2.5万km七级固定渠道、6万多座各类渠系建筑物，以及1200多座中小型水库、21多万座塘堰组成的蓄、引、提相结合的“长藤结瓜式”的灌溉系统，纵横交错在岗峦起伏的江淮大地上，沟通淠河、史河、杭埠河三大水系，横跨江淮两大流域，实现了雨洪资源的科学利用和水资源的优化配置，使昔日赤地千里的贫脊之地变成了今天的鱼米之乡，被誉为新中国治水历史上的一颗璀璨明珠。

淠史杭灌区控制面积1.4万km^2，其中安徽省面积1.3万km^2，占全省国土面积1/10；耕地面积1160万亩，占全省1/6；有效灌溉面积1000万亩，占全省1/4；粮食产量占全省1/4；水稻产量占全省1/3，奠定了安徽粮食主产省的重要地位，促进了全省的粮食安全。灌区优质的水源是1330万人的生命之源，是全省1/3国民经济发展的用水保障，是维持灌区良好生态的源头活水，在全省经济社会发展中，发挥着不可替代的巨大作用。

淠史杭灌区以改革创新的精神抒写着灌区建设管理的新篇章。1963年，淠史杭灌区在全国灌区较早地实施了基本水费＋计量水费的水费计收办法；1984年，淠史杭灌区在全国大型灌区中第一个引进世界银行贷款进行灌区续建配套与节水改造；20世纪90年代以来，淠史杭灌区按照中央新时期治水方针和水利部党组的治水思路，紧紧围绕灌区体制、机制创新与灌区工程改造两项任务，改善工程老损面貌，改革体制机制，加快灌区管理工作与市场经济的接轨。工程自1959年开始发挥效益，累计引水1429亿m^3，累计灌溉3.6亿亩，增产粮食440亿kg；城市供水60亿m^3。以水资源的可持续利用支持了经济社会的可持续发展。

史河灌区渠首

江淮龙脉

上海国际航运中心洋山深水港区工程

上海国际航运中心洋山深水港区位于杭州湾口，地处舟山崎岖列岛，远离大陆30多公里，是世界上首座在外海依托岛礁地形，通过封堵汊道、围海造地建设的超大型集装箱枢纽港，港区规划岸线10余千米、布置近30个集装箱泊位，设计年吞吐能力1500万标准箱以上，总体规划2015年建成。2002年国务院批准建设洋山深水港区。

2002年6月26日洋山深水港区工程正式开工，至2008年年底已完成港区一期、二期和三期工程的建设，工程总投资约301亿元，形成码头岸线长5.6km、陆域832.8万m^2，可同时停靠7～15万吨级集装箱船舶16艘，设计年吞吐量930万标准箱。

洋山深水港区设计先进合理、工程质量优秀，科技含量较高。在洋山深水港区工程建设实践中创新形成了支撑外海岛礁建港且具有自主知识产权的核心技术——洋山深水港区（外海岛礁超大型集装箱港口）工程关键技术成果，相应的技术、设备、工艺和材料的创新达数十项，为洋山深水港区安全、优质、环保、快速的建成并高效运行奠定了坚实的基础。工程关键技术均达到国际先进水平，部分关键技术达到国际领先水平。相关技术目前已在我国洋山深水港区后续工程马迹山、青草沙、外高桥等大型外海工程建设中得到广泛应用。

洋山深水港区远离大陆，是世界上首座依托外海岛礁、通过围海造地建设的超大型集装箱港口。洋山深水港区地质条件复杂、建设依托条件差，技术难度高，没有经验可以借鉴。洋山深水港区工程规划设计理念创新，注重了工程与环境的协调。工程建设解决了水文泥沙、码头接岸结构、深水筑堤、地基加固、生产管理信息系统、环境保护和生态恢复、隧道修建等一系列重大关键技术，采用了大量新材料、新工艺、新设备和新技术，全面提升了外海岛礁建港的设计理念、设计与施工技术水平，并在国内外类似港口建设中起到了科技示范作用，为我国水运港口行业标准的补充完善提供了宝贵的经验和借鉴。

建设上海国际航运中心是党中央、国务院的重大战略决策。经科学论证，选择洋山深水港区作为上海国际航运中心的集装箱深水港区；依靠科技进步，建成了洋山深水港北港区主力港区，也是国务院批准成立的第一座保税港区。洋山深水港的建设，为上海港一跃成为世界第二大集装箱港口作出了重大贡献。洋山深水港一期、二期、三期港区工程总投资约300亿元。自建成投产以来，港区运行高效，年完成吞吐量远远突破设计吞吐能力，为上海港集装箱吞吐量名列世界第二做出了重大贡献。至2009年底直接创造就业机会4000余人，实现营业收入76亿元，同时带动了上海及周边地区的经济特别是航运物流的快速发展，产生了巨大的经济和社会效益。

洋山深水港区的建成投产，使国际集装箱运输在长江流域特别是长三角港口群发生了集聚效应，从而进一步促进了我国经济特别是长三角地区经济的快速发展，全面提升了我国参与国际经济竞争的综合实力，对实现我国战略、竞争东北亚国际航运中心作出了重要贡献。洋山深水港区从根本上解决了上海口岸缺乏深水航道和深

水泊位的问题，洋山深水港区一期、二期、三期工程建成投产以来，运行高效，实际年吞吐量超设计吞吐能力40%以上，并屡次刷新了国际集装箱装卸效率世界纪录，巩固了上海港世界第二大集装箱港口的地位，极大地推动了上海的发展，进一步加快了上海国际航运中心的建设步伐。洋山深水港区的建设，有利于强化航运枢纽中心地位，更好地满足周边地区和全国的国际航运要求；提升了我国参与21世纪国际竞争的综合实力和我国对21世纪国际政治形势的适应能力。

洋山北港区规划鸟瞰图

长江口深水航道治理工程

建成的半圆形沉箱结构导

导堤施

长江口深水航道治理工程是一项规模宏大、国民经济效益显著的跨世纪工程。工程分为三期进行，总体目标是将长江口出海航道的水深由原7m的维护水深逐步增深到8.5m、10m和12.5m，工程全部建成后，第三、四代集装箱船可全天候进出长江口。完成这一工程建设任务，对实现党中央“以上海浦东开发开放为龙头，进一步开放长江沿岸城市，尽快把上海建成国际经济、金融、贸易中心、带动长江三角洲和整个长江流域地区经济新飞跃”的重大战略决策具有深远意义。

长江口深水航道治理一期工程于1998年1月27日开工，2000年7月完工。工程总概算31.7亿元，实际完成投资30.9亿元。一期工程完工后，经过两年多的工程维护，整治建筑物完好无损，且8.5m航道达到了100%的通航保证率。在长江口深水航道治理一期工程顺利实现8.5m航道水深治理目标、取得显著的社会经济效益基础上，国家批准实施长江口深水航道治理二期工程。

长江口深水航道治理二期工程于2002年4月28日开工，2005年4月15日完工。二期工程总概算为63.4亿元，工程实际完成投资57.1亿元，建设规模为：主体工程：北导堤21.310km，南导堤18.077km，新建丁坝9座、续建丁坝5座，共18.9km，主要结构形式为：充砂半圆形沉箱、充砂半圆体混合堤、袋装沙堤心勾连块体护面斜坡堤、新型空心方块斜坡堤。航道设计深度10.0m，长度74.471km。另外还建设了相关的配套工程。二期工程的胜利建成，表明我国在巨型、复杂河口治理和在恶劣自然条件下建设深水航道的设计、施工和管理水平上达到了新的高度。

长江口深水航道治理三期工程疏浚工程于2006年9月25日开工，2010年3月15日竣工，设计全长92.268km，挖槽底宽350～400m，设计水深12.5m，设计边坡1:25～1:40。三期疏浚工程共划分为7个标段（D3.0～D3.6标段），总工程量约为25540万m^3。三期工程的顺利竣工，标志着我国在治理大型河口方面取得了伟大的胜利，使长江黄金水道的航运优势得到进一步释放，在疏浚领域立下了一座划时代的丰碑。

为克服工程难点，工程建设还获得了大量的技术创新成果。其中，“长江口深水航道治理工程成套技术”获2007年国家科技进步一等奖。工程获得发明专利1项，实用新型专利12项。其中大量具体成果已迅速在洋山深水港、东海大桥、长江中游航道整治等一大批重大工程中推广应用，极大地推进河口及内河航道整治、港口工程、疏浚工程、海岸及近海工程等相关学科领域的科技进步。工程在总平面优化、结构形式及设计方法的创新、施工装备和工艺的创新、试验研究技术的创新等方面取得了四十多项创新成果。

在工程建设的各个阶段和各个方面都采取了严格的质量控制措施，保障了工程治理目标的实现和工程优质。一期工程8.5m水深航道的开通为国家创造了巨大的社会经济效益，据测算2001年～2004年深水航道产生的直接经济效益达147亿元。二期工程10m深水航道的建成，2005年上海港货物吞吐量达4.43亿t，跃居世界第一，集装箱吞吐量达到1809万TEU，居世界第三；2006年上海港货物吞吐量达5.37亿t，稳居世界第一，集装箱吞吐量总量达到2171万TEU，继续居世界第三。三期工程12.5m水深贯通后，船舶平均每航次可多装载货物50%至110%。第一年直接经济效益达152亿元，2010年全年上海港预计完成总吞吐量6.1亿t，继续领跑全球，2010年前8个月上海港集装箱吞吐量达1906万TEU，超过新加坡（1901万TEU），成为全球第一大集装箱港。此外，各参建单位也同样取得了较好的经济效益。

工程还特别注重环境保护，打造生态工程，建设绿色交通。本工程的环保投入达到5561.64万元，环保规章制度完善，落实了各项生态环境保护和污染防护措施，进行了生态修复工作。

本工程无论在工程规模、工程技术创新还是在工程质量控制、经济效益以及对国民经济起到的促进作用等方面均为百年来我国建筑史上的成功典范。

北导堤局部

空心方块斜坡堤

京杭运河常州市区段改线工程

京杭运河常州市区段改线工程是由部、省、市联合投资的重点水运基础设施建设项目，航道口宽 90m、全长 26km，同步规划和建设了 11 座跨河桥梁，项目总投资 29.97 亿元，2008 年通过国家水运示范工程验收。工程建设理念新、效益好、质量高，影响大，在管理创新、技术创新等方面取得了很好的经验，走出了一条资源节约型与环境友好型的新路子，是交通事业落实科学发展观的生动实践。

工程建设将运河改线与城市规划相结合，拉开特大城市建设框架；将运河开挖与 312 国道等公路项目及武宜运河水利工程有机结合，实现了土地资源和水资源的综合利用，节省大量土地和经费，体现了统筹兼顾、节约资源、科学发展的时代精神。

工程充分利用新运河工程对区域水环境实施综合治理；对新运河与 312 国道的绿化工程进行整体设计，将 17km 的运河、国道共线段建成“一河、一路、三林带”的绿色交通走廊，创造了新的水系生态和城市“绿肺”。桥梁布局呈现一桥一景，体现“路、河、桥、林”相协调，树立环境友好型水运示范工程新形象。

工程建设与苏南第一条高等级航道相配套，同步建设综合性航道服务区、航道监控与搜救中心，为船民提供现代化、人性化的生产、生活服务设施；同时兴建年吞吐量 1200 万 t 的东、西港区，打造全国内河航道示范工程新形象。

通过精心设计和技术创新，科学选用多种形式的直立式驳岸；11 座运河桥梁形式多样、结构新颖，龙城大桥采用了首创的新桥型，工程开展了多项科技攻关，已有 9 个项目通过鉴定，分别达到国际、国内领先或先进水平，整个工程技术创新项目多达 68 项。工程竣工验收质量等级优良。

工程管理坚持以节约高效为原则，大胆创新，大力挖潜，实现了管理工作的科学化、集约化；京杭运河常州市区段改线工程竣工通航，实现了国家级水运主通道升级换代，综合运输体系得到进一步优化；同时也使城市区域交通得到空前改善，带动了沿河地区的高效开发，全面形成了常州市的城市防洪大包围圈，为老运河保护性开发及运河申遗提供了更加有利的条件。

京杭运河常州市区段改线工程是我国首批内河水运建设示范工程，对推动航道事业发展具有重要的指导意义。

航道－水陆快速通道、城区融合于环境的新景

航道－货畅其流、城市与航道的和谐

钟楼大桥

烟大铁路轮渡工程

旅顺西站汽车下船

烟大铁路轮渡北起旅顺羊头洼港，南至烟台港，海上距离约159.8km，是我国第一条海上距离超百公里的铁路轮渡项目。

该项目涉及铁路、港口、船舶、航运、海上安监等多个行业，是集多种专业技术为一体的大型系统工程，项目除具有水、电、通信、交通组织等协调量大的特点外，轮渡码头作业标准以及港、船、桥接口的安全性和准确性，是该项目的主要关键技术问题。工程具有较高的技术含量和技术水平，涉及多学科、多专业，是具有很强的综合性系统工程。

该工程是我国铁路规划中“八横八纵”之一的东北至长江三角洲地区陆海铁路大通道的重要组成部分，也是铁路建设项目技术含量最高的“两高一重一海”中的跨海铁路，同时也是我国“十五”规划中国重点建设项目。

蓝天碧海下的烟台北站候船综合楼和旅客登船桥

工程设计中，在目前国内外尚无设计规范可循。根据铁路年运输能力和安全、正点运载旅客的总体设计原则，提出了将铁路轮渡码头的风级作业标准从一般码头的6级风提高到8级风、渡船采用恒张力缆的创新设计理念；完成了南北港轮渡码头平面布置、渡船停靠轮渡码头作业标准、渡船靠泊方式和靠泊速度、渡船布缆方式、轮渡码头防冲刷等研究工作，旅客登船桥采用人性化的航空廊道标准设计、候船综合楼取暖采用地源热泵节能技术，设计成果充分体现了科学、环保、节能和人性化的现代设计理念，在新技术、新设备、新材料等设计创新方面取得了显著的成绩，项目的总体技术达到国内外先进水平，对铁路轮渡工程建设和有关行业专业技术具有很高的推广价值。

烟大铁路轮渡南港（烟台）轮渡码头

火车上下渡船

秦皇岛港煤码头工程

煤三期堆场喷水除尘

秦皇岛港位于渤海湾西岸、首都北京东部，地处华北、东北两大经济区通道之咽喉，京秦、大秦、津山、哈山四条铁路交会于此。作为世界第一大能源输出港，同时是中国“北煤南运”大通道的主枢纽港，担负着中国南方“八省一市”的煤炭供应，占全国沿海港口下水煤炭的五成。秦皇岛港煤码头工程共分为五期建设。煤一期到五期共有生产泊位17个，最大可接卸15万吨级船舶，设计年通过能力1.63亿t。工程总投资85.737亿元。

秦皇岛港煤码头一期工程是全国港口建设必保的重点项目之一，工程总投资2.213亿元。煤一期是我国自行设计、施工、装卸设备自行制造、安装的第一座机械化程度较高的大型煤炭输出专用码头，由码头主体、翻车机房、栈桥、堆场及配套设施组成。码头主体有5万吨级和2万吨级泊位各1个，码头为重力式沉箱结构，设计长度为547.4m；2个翻车机房基础均为沉井式。年通过能力为1000万t。工程自1978年3月正式开工，1983年7月1日竣工。该工程的建成投产确立了国家将秦皇岛港作为能源大港的重点建设地位，并为秦皇岛港成为国家输出煤炭的主枢纽港奠定了坚实的基础。

秦皇岛港煤码头一期扩容工程有273.6m顺岸5万吨级煤炭专用泊位1个、13万m^2堆场及配套设施。码头为重力式沉箱结构。年通过能力为800万t。工程总投资5.8亿元。工程自2003年4月正式开工，2004年底竣工。

秦皇岛港煤码头二期工程是煤炭输出专用码头。主体工程有2个5万吨级泊位、堆场、翻车机房及配套设施组成。码头为重力式沉箱结构，设计长度为615.41m，翻车机为双串联式。年通过能力为2000万t。工程总投资2.2989亿元。工程于1980年4月开工，1985年3月29日竣工。

秦皇岛港煤码头三期工程系大秦铁路专用运煤线的配套工程。工程由码头主体、堆场、翻车机房及配套设施组成。码头主体有2个3.5万吨级和1个10万吨泊位，码头为重力式沉箱结构，设计长度为840m；煤三期使用二线三翻式翻车机，这在世界尚属首次。年通过能力为3000万t。工程总投资6.2554亿元。工程于1983年4月1日开工，1989年12月29日竣工。煤三期工程的建成投产，对加快晋煤外运、缓解南方各省煤炭供应的紧张状况、推进煤炭出口和秦皇岛的对外开放以及对涉外合同的执行管理，都发挥了极其重要的作用。

秦皇岛港煤码头四期工程是国家重点建设项目，工程总投资15.79亿元。工程由码头、翻车机房及配套设施组成。码头主体由2个3.5万吨泊位和1个10万吨泊位组成，码头重力式沉箱结构，其中2个3.5万吨总长为430m，10万吨泊位长340m；翻车机房为三线三翻式。年通过能力为3000万t。工程于1993年6月11日开工，1997年12月18日竣工。

秦皇岛港煤四期扩容工程有3.5万吨级和5万吨级煤炭专用泊位各1个，码头岸线长490m，堆场面积25.7万m^2。年通过能力为1500万t。工程总投资8.49亿元。工程2004年8月1日开工，2005年10月22日竣工。

秦皇岛港煤五期工程是2006年大秦铁路煤炭运输能力提高1亿t的一个配套工程，是国家“十五”重点建设项目，由码头主体、翻车机房、堆场、护岸及配套设施组成。码头主体由2个5万吨级泊位，1个10万吨级泊位和1个15万吨级泊位组成，为沉箱重力式结构，码头工程岸线全长1187m；翻车机房为三线三翻结构，工程设计年通过能力5000万t。工程总投资44.89亿元。码头工程于2004年8月19日开工，于2005年11月23日竣工。

秦皇岛煤码头工程分期通过国家的竣工验收，秦皇岛港建设质量达到了国内领先水平，该工程自投产以来，工程质量满足设计和使用要求。该工程的建成投产，稳固了秦皇岛港作为世界最大的能源输出港的地位。

秦皇岛港煤码头三期、四期、五期工程全景

秦皇岛港煤码头三期工程

5

公路及城市公共交通工程

- 京津塘高速公路
- 青藏公路
- 北京地铁一号线
- 上海轨道交通一号线
- 常州快速公交系统

京津塘高速公路

京津塘高速公路是我国“七五”至“八五”期间重点建设项目，也是第一条经国务院批准，并部分利用世界银行贷款建设的跨省市的高速公路工程，属“五纵七横”国道主干线组成部分。其主线从北京市东南四环路起，至天津市塘沽区河北路止，全长142.69km，设计行车时速120km。全线采用全封闭、全立交，控制出入口，并设置监控、通信、收费、照明等交通工程和服务设施。工程于1987年12月23日开工，1993年9月竣工。

首次采用中外联合体通过国际竞争性投标承包方式，并根据对定期实测数据的回归分析和对20年来最终沉降量的推算，提出了软基侧向位移和沉降速率指标，有效地控制路基填筑速率和路面结构层的铺筑时间。在高速公路路面底基层、基层施工中，首次采用混合料厂拌和机械化摊铺技术，引进、消化和自行研制了性能先进的粒料拌合设备。

在我国公路建设行业首次实行项目业主责任制，首次对建设项目实行国际竞争性招标和招聘国外监理专家，在业主、承包商、监理工程师三方权限和职责分明的项目管理机制和相应的管理技术方面，对我国公路建设乃至基本建设行业的现代化管理进程产生了重大的推动作用，并得到广泛的采用。首次成功地在我国跨省市的高速公路建设中，采用“统一建设、统一管理、统一收费、统一还贷”的管理模式，对我国公路建设项目管理体制和方法起到了指导和示范作用。

京津塘高速公路工程于1995年8月通过国家竣工验收，验收委员会认为：“该项目使用世行贷款取得成功，为我国公路建设和争取外资贷款起到了示范和推动作用。通过项目实施，提高了建设、设计、施工、监理单位的技术和管理素质；培养了一批适应国际竞争和建设项目管理的专业技术人员；制定了一套符合国际惯例、适合国情的项目建设管理机制和监理工程师制度；引进了国外一批先进的施工设备；工程总体水平达到国内领先和国际先进水平”。京津塘高速公路是我国第一条按照现代化高速公路要求进行设计和施工的大型公路工程项目。该套工程填补了我国在高速公路技术方面的一系列空白，促进了我国公路交通运输业的发展和技术进步。

该项目的建成完善了我国公路网，大大缓解了京津冀一带的交通压力，为首都联系天津和出海口岸开辟了快速通道；促进了沿线经济的大发展，已形成了由10个经济技术开发区组成的高新技术产业带；对加强京津冀地区社会经济联系、改善投资环境，对三省市和华北、东北地区的经济发展及扩大开放均具有十分重要的意义，被国内外经济学家誉为中国北方的“硅谷”。

京津塘高速全景

青藏公路

青藏公路起于青海省西宁市，经格尔木，至西藏自治区拉萨市，全长1937km。

50多年前，西藏和平解放。为支援西藏建设，增进民族团结，党中央、国务院做出了修筑川藏、青藏公路的重大部署。各族军民和工程技术人员，在“人类生命禁区”、“世界屋脊”上创造了人类公路建设史上的奇迹。1954年12月25日建成了举世瞩目的青藏公路。从此，开辟了西藏交通新纪元，推动了西藏社会制度的历史性跨越。

20世纪70年代，周恩来总理指示：青藏公路必须按二级标准建设，路面黑色化。1972～1985年完成了青藏公路第二次改建工程，首次在青藏高原铺筑了沥青路面；进入90年代，青藏公路先后经历三次大规模的整治改建工程，全线达到二级公路技术标准。其中，设计速度80km/h，路基宽度10m，路面宽度7m，全线铺设沥青混凝土路面。青藏公路建成五十多年来，一直承担着进出西藏85%以上的客运和90%以上的货运，是一条政治、国防、经济“生命线”。

青藏高原平均海拔4500m以上，大气含氧量低，气温寒冷且变化无常，被称为“地球第三级”。青藏公路处于青藏高原腹地，穿越630km的多年冻土区，在建成初期就出现多年冻土地质病害现象，80年代末又出现路基、路面损坏，针对青藏高原冻土工程地质随时空变化、受多因素制约、具有多变性的特点，交通部组建青藏公路科研组，开展多年冻土公路建设养护关键技术研究。

50多年过去，几代交通人依托青藏公路历次整治改建工程经验与教训，通过多行业、多学科、产学研联合攻关，从11个观测站、160多个观测断面，30多年连续跟踪观测的200多万组第一手数据，以及三次大规模综合勘察的3500多个钻孔，700多km地质雷达探测中，获取了丰富的冻土地质资料和冻土温度场资料，创造性提出了公路多年冻土工程理论、沥青路面下路基稳定关键技术、公路设计与施工关键技术、公路建设养护体系，并在我国六省区6000km公路建设中推广应用。

青藏公路

青藏公路

北京地铁一号线

经毛主席批准建设的北京地铁一号线，全长31km。1969年10月1日由苹果园至复兴门段建成运营；1997年复兴门至西单段运营；1999年西单至四惠东站运营；2000年6月全线运营。是中国第一条地铁，西起苹果园，东至四惠东，共设25个车站。

地铁一号线在建设初期以战备为主兼顾城市交通作为建设方针。在建设中为了保证新侨饭店、工会大楼等现有大型建筑的安全。从当时的经济技术水平出发以大开槽（包括加钢桩支撑）施工为主。北京地铁一号线（一期段）是新中国成立后新中国于1969年建成的第一条地下铁路，以后几次延长，形成今天的地铁一号线。该工程的建设得到党中央、国务院的亲切关怀，它的建成标志着中国城市交通进入地铁交通时代，对全国的城市交通具有示范意义。为后来的城市地铁建设打下基础、创造经验。

近年来北京市城市轨道交通迅速发展，目前已建成地铁198km，而地铁一号线为北京城市轨道交通的建设与发展奠定了坚实的基础，至今仍发挥着不可替代的作用。

地铁1号线四惠东站

地铁 1 号线复兴门站

军事博物馆站

上海轨道交通一号线

上海轨道交通一号线工程于1990年1月开工建设，1995年4月1期工程16.3km建成运营，是我国第一条在软土地层建成的地铁工程，也是我国首次采用盾构法建造地铁区间隧道和首次采用地下墙围护深基坑开挖地铁车站的工程。

一号线1期工程投资决算53.9亿元（每公里约3.4亿元），主要包括18km区间隧道、13座车站、1座车辆段、车辆和机电设备工程等。

一号线地铁18km区间隧道在国内首创采用7台先进的土压盾构掘进施工，11座地铁车站在国内首创采用地下墙围护深基坑开挖施工，其中3座位于淮海路商业街区的车站首创采用顶板盖挖逆筑工法施工。隧道和车站工程质量优良、施工技术先进、对周围环境影响小。

一号线地铁工程在国内首次引进并消化吸收国际先进的地铁车辆、信号及其他机电设备技术，形成国内第一条在地铁运营方面具有国际先进水平的示范线路。

上海轨道交通一号线经分步建设形成33km运营线路，成为上海轨道交通客运量最高的南北主干线，日客流达130万人次，客流强度达4万人次/km，也是国内客流强度最大的线路。一号线的运营促进上海西南的梅陇、莘庄地区形成最大规模的住宅区，促进徐家汇形成都市副中心商圈，工程的经济、社会、环境效益显著。

上海轨道交通一号线工程开发应用20余项新技术、新工艺、新设备、新材料，取得7项上海市和建设部科技进步奖，形成3项国家级工法。主要获奖成果有土压盾构施工技术、地铁隧道盾构施工及环境影响研究、地铁车站逆筑法施工技术、基坑工程时空效应理论与实践、地铁车站施工环境保护系列新技术等，3项国家级工法为土压盾构隧道掘进工法、地下墙围护多道钢支撑基坑开挖工法、地铁车站顶板逆筑盖挖工法。该工程的技术成果和工程经验已在上海轨道交通2、4、6、7、8、9、10、11号线工程中得到应用，2000年后在广州、北京、南京、深圳、天津、沈阳、成都、武汉、西安、杭州、苏州等各城市地铁工程中得到推广应用。

北延线地铁与高架道路共建和运营

常州快速公交系统

常州市委市政府积极实施公交优先发展战略。2007 年 1 月，市政府决定建设快速公交一号线，5 月 24 日开工，2008 年元旦投入运营，成为全国第三条、江苏省第一条快速公交项目。2009 年 5 月 1 日，常州快速公交二号线开通，与一号线系统形成了常州快速公交“十字形”骨架走廊。

常州快速公交系统在规划、设计、建设、运营中突出“科技、环保、创新”，形成了鲜明的特色和亮点。

常州快速公交在全国率先采用中央侧式站台模式。公交一号线是国内首个“中央侧式站台”快速公交项目，将专用道设置在道路中央，可以减少其他社会车辆的干扰，保证快速公交的运营速度，同时也利于将来道路的拓宽。将站台设置在专用道两侧，站台形式更加灵活，可以实现与支线车同台换乘。车辆使用右开门方式，尊重乘客上下车习惯同时也方便主线和支线车的调度。这种“中央侧式站台”快速公交模式充分体现快速公交的快速、安全、准点和便捷，对国内外城市发展快速公交具有重要的示范意义。

常州快速公交采用了智能化系统。智能化系统以服务乘客为核心，应用了现代化的通信技术、全球定位系统及智能化管理技术。能为乘客提供全面、实时的系统运营信息，方便乘客了解等待时间及线路选择，同时智能化系统自动收集客流、车辆运营数据，为精细化管理提供决策参考。

快速公交调度指挥中心

常州快速公交中间站建设运用了多项新技术。安全门采用了通透性好的设计方案，首次使用新型防夹系统和红外控制系统。站台设置进出站闸机，一方面分流进出站客流，维护进出站秩序，同时实时统计各站点进出站客流，正确计算车辆停站时间，便于合理安排车辆运营时间，提高快速公交的效率。

常州快速公交采用了组合运营模式。在开通一条主线的同时开通三条支线，并实施快速公交主线和支线“同台同向”免费换乘的方式，一张低价票就可以到达一个区域的任何地方，市民可以得到更多的实惠，这在全国是首屈一指的。组合运营模式另一方面提高了快速公交专用道的利用率，通过整合相关常规公交线路，减少了专用道沿线常规公交行驶车次，也利于社会车辆的通行效率。

常州快速公交系统开通以来，安全运营了 3676 万 km，安全运送了 1.74 亿人次，承担了市中心区域 26% 的公交客流，每天 28 万乘客享受到了快速公交高品质的出行服务，减少了乘客一半的出行时间，提高了公共交通的出行比例，各类指标达到了国际先进水平。

常州快速公交系统已成为常州的一张新的名片，该项目整体水平跻身国内外先进行列，在国内外产生了积极的影响。自开通以来，吸引了全国 100 多个城市 260 多批次及港澳、法国、美国等友人参观考察。国家有关部委领导、专家认为常州快速公交已成为快速公交的典范，对于国内外快速公交的建设和运营具有较好的示范作用。

建成后的对位式站台

运行中的快速公交

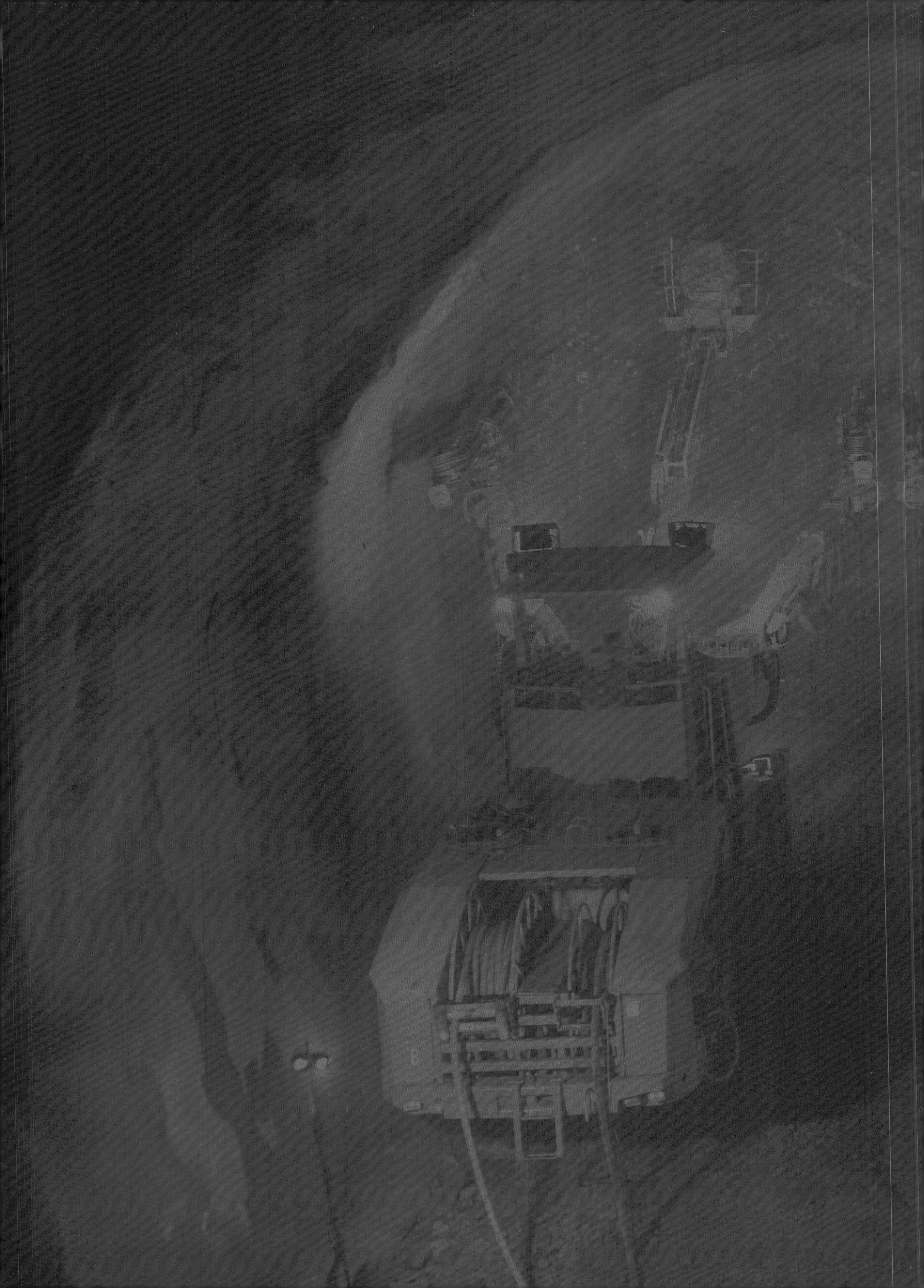

6

隧道及地下工程

- 京广铁路衡广复线大瑶山隧道
- 厦门东通道（翔安隧道）
- 乌鞘岭特长铁路隧道
- 西康铁路秦岭隧道
- 武汉长江隧道

京广铁路衡广复线大瑶山隧道

大瑶山双线隧道外景

大瑶山隧道是“七五”期间国家重点建设项目衡（阳）广（州）铁路复线的关键工程。隧道全长14.295km，是当时中国最长的双线电气化铁路隧道，其长度在世界双线铁路隧道中名列第十位。由铁道部第四勘测设计院设计，铁道部隧道工程局承建。

大瑶山隧道位于广东省北部山区坪石乐昌间。所处地质构造为湘桂经向构造东侧，南岭纬向构造中段南侧，属粤北山字形脊柱部位，为瑶山复背斜轴部。隧道横穿南岭山区瑶山山脉主峰，这里山峦重叠，地势陡峭，峡谷纵横，植被茂密，河道迂回曲折，滩多水急，素有九龙十八潭之称。由于线路方案在既有线大弓形拐弯处截弯取直，较既有线路缩短5km，根除了沿河线路不可避免的路基病害，保存了广东北区水库资源，从长远和现实来看具有其他方案不可兼得的独特优点，是武水峡谷地区选线的最佳方案。

大瑶山隧道除中部穿过泥盆系白云质灰岩、泥灰岩和砂砾岩外，其余均在震旦寒武系砂岩、板岩中通过，隧道埋深70～910m，穿越11条岩石破碎、地下水丰富的断层带，尤其是465m长的9号断层地段，经国内各部位专家的现场勘察，判定为隧道建设史上前所未有的恶性地层，施工极其困难，围岩稳定性差，断层地段最大涌水量每昼夜高达4.2万t，成为整座隧道能否按期完成的控制地段。

三臂凿岩台车

大瑶山隧道具有长、大、难、新四大特点。由于隧道长、断面大，带来了一系列的困难。它难在穿越的地层岩石破碎，机理复杂，地下水大，全隧道最大涌水量高达5.1万t；它难在设计上突破了原有规范和规程领域；它难在施工上国内外没有更多的可以参考借鉴的资料，难在工期紧、任务重。

大瑶山隧道全面应用新奥法原理进行修建，全隧道成功进行了硬岩五米深孔爆破和软岩全断面一次爆破成型；首次运用了光电测距导线和光电三角高程控制量测新技术进行隧道控制和竖井投点；第一次成功进行了2.76km独头巷道施工通风。

大瑶山隧道由于依靠科研先行，一切用数据说话，因此决策有了根据，避免了很多失误，取得了较大的经济效益和社会效益。大瑶山隧道是当时中国最长的双线电气化铁路隧道，在世界双线铁路隧道中位居第十位。该隧道的建成，在我国隧道建设史上是一次新旧方法的转折点，是隧道修建技术的一次大飞跃，为今后修建隧道开辟了一条新路。

大瑶山隧道的建成标志着我国铁路水平又出现了一次飞跃，首先铁路的选线原则由靠山沿河、隧道群改为截弯取直，用长隧道代替隧道群，大大提高了线路的等级，减少维修病害费用，衡广复线由于修通大瑶山隧道，车速可从50km/h提高到100km/h，缩短既有线路15km，仅此一项每年可为国家节约运营费500万元。类似大秦线西段出现了8.4km军都山隧道，对采用重载列车提供了先决条件；衡广复线提前一天建成，可增加运量5万t，每天增加运输收入50万元，由于大瑶山隧道十大技术的综合应用，大大加快了修建速度，经对比测算，比传统方法修建可提前两年半～三年，可提前增加运输收入4.5亿元以上。

工程施工组织设计中，大胆打破常规，应用科研成果，做出了许多新的尝试和突破，发展了近百年来修建隧道的历史，将隧道施工水平落后于国外20～30年代，大踏步提高到80年代国际先进水平，是铁路修建史上第三个里程碑。

工程建设成功研究出全断面（80～130m^2）五米深孔光面爆破技术，并在施工中发挥了重大作用，达到了快速施工要求，使大瑶山隧道1985年完成年成洞4.2km，创国内先进水平新纪录。

工程深孔爆破研究过程中主要解决了深孔直眼中空掏槽技术、克服管道效应技术、不同围岩爆破参数的应用研究和合理起爆顺序四项新技术，并用爆破震动量测技术进行监控反馈，使炮眼利用率平均达到95%，炮眼痕迹保存率在70%以上。爆破所产生的震动速度在工作面后部一倍洞径处，硬岩V<12cm/s、软岩V<5cm/s，该数字已作为我国地下洞室爆破检测动态影响的安全数据的参考指标。

大瑶山隧道

厦门东通道（翔安隧道）

厦门东通道（翔安隧道）工程是一项规模宏大的跨海工程，是我国大陆第一座自行设计、施工的海底隧道。工程位于厦门岛东北端的湖里区五通村与翔安区西滨村之间，呈北东向展布，全长8.711km，其中隧道长6.05km，两岸接线长2.747km，跨越海域总长约4.2km，采用钻爆暗挖法修建。本工程设计采用三孔平行隧道，两侧为左右线行车隧道，中间为服务隧道作为检修和逃生通道及市政管廊。行车隧道设双向六车道，设计行车时速80km/h，建筑内轮廓面积122m^2；开挖断面成马蹄形，开挖跨度17m左右，为大跨度隧道；服务隧道断面设计为类圆形，建筑内轮廓面积33m^2，开挖半径4m左右。工程场区海水最大深度约30m，隧道最深处位于海平面下70m，最大纵坡2.92%。工程概算约32亿元，设计使用周期100年，总工期为4年零8个月。

本工程具有地质条件复杂、风险高、难度大、经验少等特点。陆域浅埋段施工距离长达1170m，其中属于超浅埋隧道段占陆域长度的80%。在国内外采用钻爆法施工的隧道中，均没有如此长距离、超浅埋～浅埋的全强风化花岗岩地层施工。同时在国内也没有穿越海底风化深槽的施工先例。海底风化深槽及陆域浅埋段软弱富水，受地层构造影响，该段隧道穿过围岩含水量大，且受地下水直接补给，围岩软弱，遇水即崩解、坍塌，施工震、扰动后即砂化、泥化。设计断面大，设计开挖断面最大达到170m^2，反坡施工，在软弱富水围岩中开挖难度极大，属世界首例。

通过该隧道的施工，总结出了实用于本项目的、复杂地质条件下海底隧道施工包括软弱富水围岩大跨地层CRD工法施工的一整套施工技术，将为成功建设特大型海底隧道扫除技术障碍，推动我国跨海特长隧道技术发展，为我国今后的海底隧道修建提供大量可行的经验和技术。对我国隧道建设技术的进步和发展、缩小与世界先进水平的差距将起到一个里程碑式的作用。

针对行车隧道围岩软弱富水、大断面、长距离施工的特点，研究提出了CRD工法的施工工艺和机械设备配套形式，有效地控制了围岩变形，确保了隧道施工和结构安全，加快了施工进度，达到了平均45m／月，最大60m／天，为海底隧道大断面软弱富水围岩施工提供了适用性强、安全有效、质量可靠的方法。

针对海底隧道穿越海底风化深槽风险极高的特点，采用三维地质预报手段准确探明了地质情况，研究开发了分段前进式注浆、钻杆后退分段注浆、钢管孔底注浆等多种工艺相结合的综合超前预注浆方法，大管棚超前和小导管联合预支护、CRD和三台阶七部法开挖支护、径向注浆补强，安全顺利的穿越了风化深槽，防止了涌水突泥，保证了施工安全，解决了厦门翔安海底隧道重大技术难题，为厦门海底隧道顺利建成提供了技术保证。

通过地面管井降水，上半断面小导管外阀单向式分段注浆和袖阀管注浆加固和堵水、下半断面真空井点降水等综合性措施，解决了富水全强风化花岗岩地层大变形、涌泥和坍塌问题，保证了施工安全。

主洞模筑混凝

风化槽注浆

研究和建立了以综合地质预测预报，超前钻孔探水、注浆堵水、钻孔防突、排水系统排水、洞内通讯及报警、门禁系统、设置防水闸门、设置逃生路线及配备应急物资设备等为重要内容的防突水涌泥安全措施，并通过现场演练和实施，有效地防止了海底隧道涌水突泥，实现了安全、优质、高效施工。

厦门东通道（翔安隧道）工程是厦门市公路骨干网规划中的重要组成部分，兼备城市通道及高速公路双重功能，是厦门岛连接大陆的第三条通道。本工程的建成，将大大缩短厦门岛至大陆的路程（车行2.5小时缩短到10分钟），社会效益显著。

洞口通车后全貌

仰拱采用仰拱栈桥填充混凝土

乌鞘岭特长铁路隧道

乌鞘岭特长隧道地处兰新线兰武段打柴沟和龙沟车站间，穿越祁连山脉主峰乌鞘岭，全长20.05km，是我国铁路首座长度超过20km的隧道。工程于2002年12月批准立项，2003年3月开工建设，2006年8月双线开通运营，总投资27.26亿元。它的建成打通了陆桥通道“瓶颈”制约，对完善路网结构、促进西部经济发展发挥了重要作用。

乌鞘岭隧道为两座平行的单线隧道，线间距40m，最大埋深1100m，线路纵坡11‰，设计行车速度160km/h，满足双层集装箱运行条件，洞身通过沉积岩、火成岩、变质岩三大岩类地层，穿越F4、F5、F6、F7四条区域性大断层组成的宽大挤压构造带，极高和高地应力地段多，地应力状态极其复杂。

乌鞘岭特长隧道道床采用弹性整体道床，轨道类型按重型轨道设计，预留特重型轨道条件，线路坡度11‰，一次铺设无缝线路；该隧道位于八度地震区，洞口段衬砌按抗震要求和国防要求设计。

通过现场试验、地应力实测和拓展分析，在掌握了岭脊地段复杂地应力场形态和特征的基础上，工程首次提出了大变形综合分级标准以及位移控制基准，采用了导坑先行释放应力、多层支护、分期控制变形的技术，选择和确定了多种结构断面形式和支护参数，实施了“台阶法短开挖、少扰动、快封闭、强支护、勤量测、早成环、二衬适时紧跟”的成套施工技术。采用圆形断面、分段衬砌、可调式整体道床结构和迂回导坑释放应力，台阶法施工留核心土等施工方法，解决了开挖断面大、断层泥砾变形等难题，成功地穿越了宽度达827m的F7活动性断层。

乌鞘岭隧道在建设中采用了大量新技术：首次在国内划分了高地应力软岩大变形的变形分级和管理基准；首次在国内建立了高地应力软岩大变形信息反馈系统；首次在国内隧道工程中建立变形监控的三维位移测试及分析系统；首次在国内实施隧道位移向量方位趋势性工程运用；首次在国内成功应用具有自主知识产权的160km/h接触网刚性悬挂技术；首次在国内建立长大隧道区域完整水文环境监测系统。其中通过宽大工程活动性断层、复杂应力条件下大变形控制技术达到国际领先水平，弹性支撑块式整体道床技术，红外线车体温度监测技术，设置“疏散点”和横通道防爆、防火隔断门等防灾技术，为乌鞘岭隧道的安全运营提供了技术保证。

工程建立的施工动态管理信息系统，以阶段性科研成果、超前地质预报、监控量测等准确可靠的信息为支撑，及时实施动态设计、动态优化施工组织、动态优化资源配置，保证了隧道安全、有序、快速施工，提高了项目建设管理水平。

乌鞘岭隧道地处生态环境脆弱区，建设中按照“三同时”的要求严格控制，坚定不移地落实环保、水保法规及措施，首次建立隧道区域水文环境监测系统，充分体现了绿色环保的和谐铁路建设要求。

乌鞘岭隧道建成后，使区段通过能力大幅度提高，客车由原来的13对增加到40对，货运能力由原来的1200万t/年增加到5000万t/年，区域路网增加运输收入35亿元，经济和社会效益显著。

隧道全线开通

洞内整体道床－具有自主知识产权的弹性支撑块式整体道床

兰州局加强管理确保安全

乌鞘岭隧道是铁路跨越式发展的标志性工程，是我国铁路史上首次长度突破20km、工期最紧、辅助坑道最多、施工进度最快的一条铁路隧道，对今后铁路特长隧道的设计和施工具有很好的指导意义；乌鞘岭隧道的建成，彻底打破了影响兰新铁路运输的“瓶颈”制约，对发展、完善西北路网整体运输能力起到重要作用，社会效益显著。

隧道出口近景

乌鞘岭特大隧道顺利通车

西康铁路秦岭隧道

西康铁路是我国华北、西北地区连接西南地区的干线铁路，国家“九五”重点建设项目。1996年12月开工，2000年建成，为国家Ⅰ级单线电气化铁路。是继京沪、京广、京九、京哈之后，中国第5条南北大通道。铁路正线长度267.49km。西康铁路是当时中国桥隧比例最高的铁路，其中著名的秦岭隧道全长18.46km，最大埋深1600m，隧道长度为当时国内第一位、世界第六位。该隧道位于陕西省长安县和柞水县交界处，在青岔车站与营盘车站之间，由两座基本平行的单线隧道组成，两线间距为30m。其中Ⅰ线隧道长18.452km，Ⅱ线隧道长18.456km，隧道两端高差155m。隧道于1995年1月18日（先期）正式开工，1999年9月6日全部贯通，2000年8月18日随西康铁路一起开通运营。

秦岭隧道地处北秦岭的中低山区，穿过地段为我国扬子陆台和华北陆台的交界处，构造运动频繁，地质构造复杂，断裂构造发育，隧道通过的岩石为混合片麻岩和混合花岗岩，地质灾害严重。其中主要的地质灾害有：断层、涌水、高地应力岩爆、高地热、高辐射、特硬岩等多种地质灾害。加之长隧独头通风和出口反坡排水等困难，铁道部为此提出6类24个科研项目，组织设计、科研、施工单位，按照“超前于工程，服务于工程”的原则，进行共同攻关。

西康铁路秦岭隧道在勘测、设计、施工等方面取得多项创新成果，为我国长大隧道勘测、设计、施工建设积累了宝贵的经验。

在选线设计中，采用了遥感、地面调绘、多种物探新技术，并与钻探相结合，收集了翔实的地形、地质资料，从秦岭地区46万m^2范围内的17个线路方案中，优选出青岔秦岭隧道（现秦岭Ⅰ线隧道）的越岭方案。

勘测设计中，采用GPS全球定位系统和V5大地音频电磁探测仪及遥感技术，达到国内领先水平。洞内采用ZED导向系统，隧道控制测量横向贯通误差为10mm，高程贯通误差为4mm，测量精度在长大隧道施工中处于先进水平。

首次引进德国先进的大型隧道掘进机（TBM）设备与施工技术，可连续完成掘进，初期支护，仰拱块安装，风、水、电延伸和自行轨道铺设等作业。施工全过程采用电脑PLC程序控制，实现了无爆破、无振动、无粉尘的工厂化快速掘进，达到国际先进水平。创造了单口月掘进528m和日掘进40.5m两项全国最高纪录。

秦岭隧道平行导坑掘进，采用硬岩深孔掏槽技术，在1997年4月份，单口掘进456m，创全国铁路导坑掘进最高纪录。

在国内首次采用弹性支撑块式整体道床新型结构，克服了旧型整体道床轨道支承块不可抽换的弊端，改善了列车振动和噪声条件。在国内首次采用一次铺设超长无缝线路，为新线铺设超长无缝线路积累了经验，填补了我国新线铺设长轨无缝线路的空白。自行研制路内领先的穿行式圆形衬砌模板台车（由防水板铺设架、具有自稳性能的模板总成、穿行架、浮放道岔，后配套等组成），解决了独头运输运距长、工作面多、工序干扰大的施工难题，方便定位、脱模，克服了圆形断面浮力大的问题，提高了生产效率，实现了衬砌混凝土质量内实外美。

在国内长大隧道首次应用套靴式（Ⅰ型）弹性支承块整体道床新型结构（其施工调整精度最大误差2毫米）。应用专用机具，高精度、快速施工弹性整体道床，为高速列车运行提供了线路保证。采用的维护及报警系统，填补了我国长大隧道无报警通信的空白，提高了铁路运营中的隧道应急报警能力。首次在电气化接触网工程中，采用国际先进的HVA化学粘固技术及螺栓，达到了不破坏防水层，又便于施工的目的。

隧道进出口均设置了专用污水处理厂，施工污水处理后达标排放，符合国家环保要求。秦岭特长隧道的修建，使中国隧道工程建设从整体上提高到一个新的技术水平。

建成后的秦岭特长隧道洞门

穿行式模板台车

上部皮带运输机

武汉长江隧道

成型隧道

武汉长江隧道是武汉“十五”期间重点实施的大型建设项目，是国内第一条经国家批准立项、第一个开工并第一个建成通车的长江水下公路隧道，被誉为“万里长江第一隧”。

武汉长江隧道是连接武昌、汉口主城区汽车过江交通的主通道。工程位于武汉长江一桥、二桥之间，主线隧道全长为3630m，主要包括盾构始发井、到达井、盾构隧道、明挖暗埋隧道、六条匝道、两座通风塔、管理中心大楼、路面、装饰装修工程及机电设备安装工程等。其中盾构隧道长2×2540m，隧道外径11m，内径10m。隧道设计为左、右线分离式双向四车道，设计车速为50km/h，设计使用年限为100年，可抗7度地震和300年一遇的洪水。

运营中的隧道内景

武汉长江隧道是国内外罕见难度的水下隧道，有八大难点：一是水压力高达0.57MPa，是世界上水压力最高的隧道之一；二是地质复杂多变，且江中局部穿切基岩、断面内地层上软下硬，对盾构选型设计及安全掘进带来极大难度；三是地层透水性强，与长江水联系密切，隧道施工防突水防坍塌难度极高；四是长江河床冲刷深槽变动大，深槽处最小覆土厚度仅8.5m，安全风险极高；五是隧道周边环境复杂，浅覆土下穿密集建构筑物，包括武汉生命保障线的长江防洪大堤、百年文物鲁兹故居和武九铁路等，如何有效保护难度极大；六是盾构长距离掘进，如何做到不换刀、减少停机风险难度很大；七是两岸明挖段基坑深度达22m，宽度达42m，且多种地层交织、有承压水，确保施工安全既保护临近建构筑物难度大；八是作为两大主城区过江主通道，运营管理及防灾要求很高。

武汉长江隧道于2004年11月28日开工，2008年12月28日通车试运营，开始的日平均车流量为3.3万辆左右，2009年4月1日取消单双号限制后，日均车流量达到了4.8万辆左右，已接近了5万辆的初期设计能力。截至目前，运行情况良好。

武汉长江隧道的成功修建，大大提升了我国水下盾构隧道建造技术水平，达到了国际领先。也为我国目前正在建设或筹建的其他水下隧道提供了非常有价值的示范与借鉴作用。

武昌主线洞口

明挖暗埋段武昌主线及匝道出口

汉口主线出入口

7 市政公用事业工程

- 上海500kV静安（世博）输变电工程
- 山西沁水新奥燃气有限公司煤层气液化工程
- 西气东输管道工程
- 深圳天然气利用工程
- 北京市高碑店污水处理厂
- 上海白龙港污水处理厂
- 北京市第九水厂

上海500kV静安（世博）输变电工程

上海500千伏静安（世博）输变电工程位于上海市中心城区，是上海世博会重要配套工程和国家重点电力建设项目。本工程的建成和运营确保了2010年上海世博会的电力供应，并从根本上解决了上海中心城区电力供应紧张的局面，优化了中心城区超高压电网结构。工程占地约13300m^2，总建筑面积57615m^2，其中地下建筑面积55809m^2，地上建筑面积1806m^2，主体结构地下静态投资15亿元。全站安装500千伏 1500兆伏安变压器两组、220千伏 300兆伏安变压器两台，设有六个电压等级，是容量最大，电压等级最多、接线最复杂，设备最先进、安全监测系统最完善的中国首座世界第二座大型超高压地下变电站，是世界上最大、最先进的地下变电站之一。

工程在建设过程中研发并采用了大量的新技术和新工艺，通过设计施工实践结合理论研究取得了一系列的创新性成果，其中主要为：（1）创新性地采用了超深圆形基坑逆作法设计体系，全面系统地提出了超深圆形基坑逆作与圆形地下结构的成套设计方法、关键节点构造与复杂技术处理措施；（2）创新性地在超深圆形深基坑中采用了主体工程与支护结构全面相结合的总体设计思路，即基坑围护地下连续墙与地下室结构外墙相结合，水平支撑与地下水平结构梁板相结合，逆作阶段一柱一桩竖向支承与框架柱相结合；（3）首次系统地形成了深层地下结构逆作法关键施工技术，包括“抓铣结合”地下连续墙施工技术、调垂精度可达1/1000的一柱一桩智能调垂技术、深层地下结构逆作施工作业环境控制技术以及圆形地下结构超长内衬墙清水砼施工技术；（4）首次建立了圆形深基坑土压力计算方法和考虑圆形深基坑施工空间与时间效应的全过程分析方法；提出了深开挖条件下抗拔桩的工作性状和计算方法，包括深开挖条件下抗拔桩承载力性状与计算方法和深开挖过程中抗拔桩桩身受力性状与计算方法。

上海500千伏静安（世博）输变电工程采用主体结构与支护结构全面结合，地下结构由上往下逆作施工的逆作法设计方案。地下连续墙厚度仅为1.2m、深57.5m，插入比仅为0.69，内衬墙厚仅为0.8m；基础底板厚2500mm，桩基采用桩端埋深约82m的桩侧后注浆抗拔桩；采用了复杂地下水条件下的深层地下结构成套防水设计方法，满足了地下变电站较高的工作环境要求。

工程荣获国家和地方多个奖项，项目的建成有着显著的经济效益和深远的社会效益，本工程将成为资源节约型和环境友好型绿色环保城市电网工程的范例，为今后在城市中心建造超深地下变电工程起到良好的示范作用。

工程竣工全貌图

工程效果图

内部设备实景图

逆作阶段一柱一桩实景

逆作阶段工程全貌图

山西沁水新奥燃气有限公司煤层气液化工程

山西沁水新奥燃气有限公司煤层气液化项目是由新地能源工程技术有限公司总承包（EPC）的工程项目，拥有专利技术，项目于2008年4月1日开工建设，2009年1月联产运行成功，2009年4月实现达产运行，2009年8月30日通过竣工验收，项目工程投资7780万元，总投资1.25亿元。其主要生产装置包括原料气计量调压、压缩、净化、液化、制冷剂循环、再生气压缩、产品LNG 储运七个生产单元及辅助系统。经过两年多的运行和考核，项目日处理煤层气 $15\times104Nm^3$，日生产液化天然气为 $246m^3$，各项性能指标均达国内领先水平。该项目主要创新点：

本煤层气液化项目在国内首次采用拥有自主知识产权的低温不锈钢球形储罐作为内罐进行液化天然气（LNG）储存，提高了LNG储存的安全性和经济性，填补了国内在低温LNG球罐方面的技术空白。

本煤层气液化项目首次实现了煤层气液化关键设备全部国产化，投资少，建设周期短，运行平稳可靠，具有很好的经济效益和社会效益。该项目的成功实施对我国煤层气液化项目的建设和管理将起到重要的示范作用。

本煤层气液化项目通过自主研发、设计和技术集成，实现了煤层气液化工艺流程及自动化控制的优化，该项目经过两年的运行，产能达到设计能力的110%，项目综合能耗较国内同类液化工厂约降低8%，生产工艺达到国内领先水平。

本煤层气液化项目，通过建立创新的项目管理机制，实现了研发、设计、技术集成、采购、施工及项目管理一体化建设，在优化工艺设计、降低成本、提高工程质量、缩短工期方面实现了新的突破。在项目咨询、勘察设计、施工组织、项目建设管理及安全、消防、环保和节能等方面都做出了卓有成效的工作。

本煤层气液化项目建设质量优良，工程全部通过了一次性竣工验收并顺利投产。运行两年来，未发生任何事故，设备及工艺系统均处于良好的工作状态，各项技术指标和经济指标均已达到预定目标，用户反映良好，证明该工程的设计可靠、技术先进。

煤层气的开发利用对于合理利用能源，减少温室气体排放，保护环境，减少煤矿瓦斯突出及爆炸事故，改善煤矿生产安全形势有重要意义。煤层气液化项目作为煤层气新型利用方式，符合国家能源政策，对于科学合理利用煤层气具有较好的示范作用。

ENN 新奥
ENN新奥

ENN新奥
Enric

ENN
新奥

西气东输管道工程

西气东输管道工程2004年底建成投产，该管道横贯我国东西，西起新疆塔里木的轮南首站，东止上海西郊的白鹤末站，途经9个省（区）市，沿线经戈壁、沙漠、干旱半干旱、黄土高原、草原林地、晋豫土石山区及黄淮、江淮平原耕地，江南水网，过“三山一塬，五越一网”。管道干线全长3843km，工程总投资（概算）463亿元人民币。管道设计年输量120亿m^3，设计压力10MPa，管道直径1016mm，材质X70级钢，沿线设工艺站场35座，线路截断阀室138座。管道穿跨越河流、冲沟、隧道、公路、铁路2172处，其中包括跨越长江、黄河、淮河等特大型河流5处。沿管道建设伴行路1105km。西气东输管道工程还包括定远至合肥、南京至芜湖、常州至长兴3条支干线，和龙池至扬子扬巴石化、郑州至长铝、东桥至望亭电厂、南京至华能金陵电厂、宜兴至溧阳5条干线支线。该管道的建成创造了我国管道建设史上距离最长、输量最大、压力最高、管径最大、钢材等级最高、经由行政区域最多、地形地貌和地质条件最复杂、大型河流穿（跨）越最多、压气站最多、分输用户最多、自控程度最高、工程投资最大等多项纪录，其建设规模和技术指标在世界也属罕见，是由我国自行设计、建设的第一条世界级输气管道。

西气东输管道工程是党中央、国务院实施西部大开发战略的标志性工程，该项目的建设加快了我国能源结构调整，带动了相关产业的发展，调整了国民经济结构，架起了西部地区资源和东部地区市场、资金、技术之间的桥梁，有力地推动了经济建设。对我国天然气市场开发、改善环境质量、提高人民生活水平起到极大的作用。

西气东输SPOT2.5m卫星遥感选线

西气东输调压系统

西气东输站场

管道下沟

过滤分离器区

深圳天然气利用工程

深圳市天然气利用工程以2010年用气规模进行建设，2010年深圳市天然气总用量为4.54亿m^3/年，气化人口380万人，约110万户，平均气化率达到50%。本工程总投资约19.75亿元人民币。

工程建设内容包括：门站2座，LNG调峰气化站2座，次高压管线总长度约120km，次高－中压区域调压站15座，LNG气化站3座；对80万用户实施管道、户内中低压调压器及燃气器具更换改造，并实施液化石油气与天然气的置换；建立天然气生产调度系统；建立深圳市三级抢险服务体系，设立4座区域抢险基地，13座抢险点及遍布全市的客户服务网点。

深圳市天然气利用工程是广东省重点建设项目、深圳市重大建设项目，也是我国第一个进口液化天然气试点项目—广东省液化天然气项目的重要配套项目。该工程开创了全国天然气开发利用的多项第一，多项技术为国内首创，在城市天然气技术领域处于国内领先地位，部分技术达到国际先进水平。

1. 深圳市天然气输配系统在国内率先将高压管储调峰与LNG加压气化调峰相结合，具有供气安全稳定、调峰能力强、扩容方便、调度灵活、投资节约等特点，特别适应城市规划呈组团布局的要求。深圳市天然气输配系统采用双气源，LNG安全应急储备，系统安全保护措施周密，平均4km左右设一座电液联动阀室，10秒钟内可实现遥控切断，20分钟左右可排空两阀室间管内高压天然气，中压调压站互为备用。深圳市天然气输配系统是目前我国安全可靠度最高的城市天然气输配系统之一。

2. 梅林LNG安全应急调峰气化站在国内城市调峰气化站中首次采用加压控温气化技术，引进了美国低温浸润式变频加压泵及大流量高压控温气化器，不仅有效地解决了多泵运行的动平衡问题和安全回流问题，而且实现低温泵调频、控温气化、蒸发气零排放，节能减排效果十分显著。工艺技术达到国际先进水平。

3. 在国内第一个实现分输站、城市门站及电厂专用调压站三站合一建设，在合理利用城市土地资源及危险站点控制上成效显著。在国内首次成功实现城市门站与电厂专用调压站天然气安全互备。

4. 在国内城市门站中首次采用分析小屋计量模式，既保证了天然气贸易计量的准确性，又能够对天然气供应质量进行监管。在国内城市燃气行业首次采用工作调压器与监控调压器同时串并联监控工作的技术模式，确保中压进户的安全。

5. 在天然气转换工作中，提前研发并使用专用调压器，缜密研究转换方案，极大地加快了转换速度，仅用了一年零九个月的时间就顺利完成了全市80万户的天然气转换工作，实现了转换工作“零事故”。

6. 自主研发了《城市燃气管网信息管理系统》，将次高压应急预案、事故关阀自动生成和GPS抢修车辆实时定位等信息融合，实现了燃气设施网络化管理，获第十八届广东省企业信息化建设创新成果一等奖。

7. 采用定向钻施工技术。既同时穿越广深铁路、洪湖立交及布吉河，又同时将DN500的套管和DN400的输气管一次回拖穿越，总长度800m，创造了国内城市燃气行业在地质复杂、高落差、三维弹性敷设、大口径双管同时实施长距离定向钻施工的记录，为城市内大口径燃气管道非开挖技术积累了宝贵的经验。

8. 次高压管线沿山地敷设时，采用生物砖砌筑生态水工保护层。既起到水土保持，减少水土流失的功效，山地管线复绿率100%。

坪山门站全景

坪山门站工艺管道

巡检跨越河流次高压管线

LNG 气化器

可远程控制球阀

发电机

梅林 LNG 气化站换热器

梅林LNG气化站配电室

次高压管线施工现场

坪山门站全景

北京市高碑店污水处理厂

北京市高碑店污水处理厂位于北京市东郊朝阳区高碑店乡，距市中心约14km；该厂是北京市建设的第一座大型城市污水处理厂，一、二期工程分别于1993年和1999年竣工通水，设计总处理污水量100万m^3/d，约占全市污水处理总量的40%。处理厂服务总流域面积96.61km^2，服务人口240万人。设计出水水质执行《污水综合排放标准（GBJ8978 － 1996）》的二级标准。

高碑店污水处理厂工程总占地65.5公顷，根据厂内各部分用地的功能划分为以下主要区域：污水处理区、污泥处理区、再生水区、办公区，各区相对独立，便于维护和管理。

污水处理采用二级生物处理法，污水处理工艺流程：粗格栅、进水泵房、细格栅、曝气沉砂池、平流式初沉池、前置缺氧区推流式曝气池、辐流式二沉池、加氯接触池，出水排至通惠河。

污泥处理工艺流程：重力浓缩池、一级中温厌氧消化池、二级中温厌氧消化池、带式脱水机房、污泥储运站，泥饼外运。

消化及沼气利用工艺流程：脱硫塔、湿式沼气储气柜、沼气增压机房、干式沼气储气柜、沼气发电机房，发电并网。

高碑店污水处理厂是目前我国规模最大的二级生物处理厂，经过近十年的试验、研究和几代工程技术人员的共同努力，独立自主地完成了科研、设计、施工、监理和试运行的全过程。作为九十年代初建成的城市污水处理厂，工艺技术先进，设计参数合理，运行稳妥可靠，出水水质稳定达标。

高碑店污水处理厂工程具有以下特点：

污水处理部分，进水泵房采用高水位运行，节约了水泵运行能耗；曝气沉砂池和螺旋砂水分离器中间增设了旋流砂水分离器，大大提高了除砂效果；曝气池采用前置缺氧区和推流式渐减曝气，不仅污泥性能得到改善而且节约鼓风机能耗；二沉池按水力条件优化了出水堰布置形式，同时将二沉池水力负荷降低到0.6左右，达到稳定的泥水分离效果；为方便多种管线的综合维护管理，设置了全厂地下综合管廊。同时还设置了再生水处理系统，为厂区提供合格再生水；节约自来水用量，降低运行成本。

污泥处理部分，采用了消化池的间歇直接加热、间歇沼气搅拌、泵抽排泥和连续间接加热、连续机械搅拌、溢流排泥的两种运行方式，进一步提高了系统运行的灵活性和可靠性；优化沼气发电余热利用系统，热效率可达30%左右；沼气发电可提供约20%厂内自用电，降低了电耗；脱水后污泥土地利用，实现资源化。

当前，为缓解北京市日益加剧的水资源供需矛盾，进一步改善河湖环境，实现水资源循环利用，高碑店污水处理厂以控制氮、磷排放为重点，以各类再生水水质和Ⅳ类水质指标为目标，正在进行对现有设施优化设置和升级改造的工程设计，该改造工程建成运行后必将改善高碑店污水处理厂的处理水平和全面提升出水水质，为首都环境和人民造福。

上海白龙港污水处理厂

由上海白龙港污水处理有限公司承担建设的上海白龙港污水处理厂升级改造及扩建工程位于上海市浦东新区合庆镇朝阳村，占地约70公顷，被列入上海市"十一五"规划纲要和第三轮环保行动计划，并被国家建设部验收为"科技示范工程"。工程总投资22亿元，建成后的污水处理规模为200万m^3/d，采用国际先进的多模式AAO生物脱氮除磷工艺，是迄今为止全亚洲最大的具有脱氮除磷功能的污水处理厂。

上海白龙港污水处理厂升级改造及扩建工程自2007年启动实施，为了赢得工期，在工程前期，白龙港公司整合资源、创新机制，建立起高效科学的项目管理模式，树立起紧扣节点与时间赛跑的管理理念，在保障安全的前提下，各单项工程的土建、安装突破以往常规的作业流程，开展平行作业，多点穿插施工，实施立体安装，有效缩短了建设周期。

上海白龙港污水处理厂升级改造及扩建工程建成后，将成为世界上处理规模最大的污水处理厂之一，其设计、建造、运行与管理等诸多方面都体现了我国污水处理领域的技术发展水平。除了先进的工艺与施工技术之外，集成的节能降耗技术和新颖的运行保障技术也是工程很大的亮点。例如：通过变频水泵和普通水泵组合方案的运用节约能耗；通过利用中途泵站提供的进厂水头，减少跌水耗能；通过采用大型渠道配水，节能配水及管道水头损失，以上节能设备、节能装置、节能技术三个"组合拳"使白龙港污水处理厂的能耗指标明显低于国家规定的建设标准，节能效果明显。此外，建设团队还通过与著名高校开展技术攻关，建立了污水处理厂"事故诊断与快速修复系统"和"高效科学的管理决策支持系统"等数学物理模型，在低能耗运行的基础上，为实现出水水质达标起到了辅助作用。

白龙港工程的另一个亮点在于高起点、高标准地推进建设和运营紧密联动。一方面，公司组织各参建单位在设计施工中不断优化方案，完美实现了供电设施建设与工厂运营的协调一致。另一方面，白龙港公司邀请运营单位在工程设备安装收尾期间跨前一步、抢先介入，及时整合与调配生产运营人员队伍，加紧操作管理培训，积极参与设备单机调试、重载调试等工作，确保了调试的顺利进行。

上海白龙港污水处理厂升级改造及扩建工程竣工投产3年多来一直满负荷正常运行，日平均处理量超过200万m^3/d，处理效果良好、运行稳定、出水水质优于设计标准。工程一次就通过了环保验收，是一项社会效益、经济效益、环境效益三者有机结合的世纪环保工程，建成后为进一步削减长江口污染负荷，切实保护长江和杭州湾的水环境和提升上海市整体环境质量发挥了极为重要的作用。工程在投产当年即完成全年上海市COD新增减排量的96%，并在2010年承担起上海世博会园区的排污重任，使上海在全国环保领域取得了污水处理规模、污水处理率、COD消减量"三个第一"，为中国乃至亚洲的环保事业和经济发展翻开崭新的一页。

鼓风机房

工程全景

集控楼调度

集控楼多功能厅

初沉池

二沉池

集控楼

刮泥板安装

微孔曝气管调试

生物反应池

北京市第九水厂

北京市第九水厂是北京市最大的地表水厂，是北京市重要的基础设施，是集多项国内首创、国际先进技术于一体的现代化大型水厂。该厂设计日供水能力150万m^3，整体工程包括取水、输水、净水、配水四大部分，自1986年开始分三期建设，每期规模50万m^3/d，历时13年，总投资约60亿元，其中使用OECF贷款300亿日元。第九水厂的产水量约占北京市城市总供水能力的一半，目前也成为亚洲规模最大、设备最先进、水质最优良的饮用水厂之一，在首都的经济建设和城市建设中发挥着重要作用。

第九水厂以密云水库为水源，分别在密云水库和怀柔水库取水，经1条长度33km直径2600mm球墨铸铁管和3条长度41.5km直径2200mm钢管，将原水送至位于北五环上清桥南的净配水厂，处理后将符合国家生活饮用水卫生标准的清水消毒加压送至城市配水管网。

为缓解北京水源短缺，先后开发了怀柔应急水源和平谷应急水源。2009年又建成了以南水北调配套工程，团城湖至第九水厂的输水管道、提升泵站等，为第九水厂增加了新水源。

第九水厂一期工程采用了机械加速澄清池和虹吸滤池，效果良好。二、三期工程采用了全新的净水工艺，快速轴流混合、波形板水力絮凝、侧向流波形斜板沉淀、均质煤滤层过滤及颗粒活性炭吸附深度处理，其中波形板水力絮凝、侧向流波形斜板沉淀以及均质煤滤层过滤等多项为我院自行开发的新技术研究成果，使净化工艺优质、高效；工程中充分利用我院获建设部科技进步奖的《均质滤层过滤技术》的研究成果，在滤料的选配上采用d10=1.1mm，较通常采用的d10=0.95mm粒径有较大改进；利用该成果中的三段冲洗参数，充分保证了滤层的均质，使滤层含污能力大幅提高，周期产水量较一般V型滤池提高30%以上，单位产水量达到400～700m^3/m^2，节约冲洗水量40%～60%。该工程出水优质，出厂水除满足国家标准外还满足浊度小于0.5NTU（实际小于0.2NTU），嗅阈值小于4，色度小于5的高标准，达到世界先进水平。在先进的净水工艺基础上，创造性地将混合、絮凝、沉淀、过滤及炭吸附等功能集为一体，形成密集型集团式布置形式，在国内大型水厂建设中尚属首次，节约用地2万m^2，为方便水厂巡视检修、运行管理及远期扩建创造了条件。在设备上采用国内最大的2550kW IGBT变频器，经实际统计，节约电能15%～20%。还建成150万m/d规模的净水污泥处理设施；110千伏变电站两座；厂内还建有22万m大型调蓄水池；配水泵站，总长约80km的配水管。

水厂平面

机械搅拌澄清池

水源九厂DN2600输水管道施工

综合池内景